8分鐘變出3道菜！

平底鍋の料理魔法

川崎利榮—著　洪于琇—譯

朝8分ほったらかし弁当　フライパンで3品同時に作れる魔法のレシピ!

GREENPAN

前言

我們家是由我和先生、三個在唸國中和大學的兒子以及公公婆婆一起組成的七人大家庭。在為家業、家事與工作忙裡忙外中，每天早上還要做好幾道菜為大家帶便當，清洗、收拾好幾種廚具，整項龐大辛苦的工程是我煩惱的源頭。

正當我思考著有沒有什麼比較輕鬆的方法時，看到了電視上播出的溫泉「地獄蒸」料理——將肉和菜放入一個籠子中，利用蒸氣蒸出鮮嫩佳餚。那幅畫面讓我靈光一閃，心想：「就是這個！」

我立刻嘗試用蒸籠做菜，結果的確輕鬆又美味……不過，蒸籠的保養和收取意外地麻煩（笑），我想用更貼近日常生活的廚具讓料理更簡單！最後得到的答案是每個家庭都有的平底鍋。

我試著將食材包在烘焙紙中放入平底鍋，加水，蓋上鍋蓋，以大火蒸煮。結果和我預想的一樣，我成功做出「地獄蒸」！清理時，只要丟掉髒烘焙紙，洗一下鍋子就好！一口氣省下了時間與功夫，令我大感驚奇。從那天起，我們家的便當就一直採用「紙蒸懶人法」。食材加熱的八分鐘內也不需要一直守在爐子旁，可以在忙碌的早晨同時進行其他家事，非常方便。

本書介紹的都是我實際做過的美味料理。包含「紙蒸懶人便當」在內，我在不斷失敗改進中做的便當數量至今竟然超過了五千個。

只要熟悉用烘焙紙包食材的步驟，紙蒸料理真的很簡單。一打開鍋蓋就完成三道菜，請大家務必要體驗一下這有如魔法般的料理方式。若平底鍋有更多空間的話也可以增加菜色數量。

希望「紙蒸懶人便當」能讓大家更開心、更輕鬆地做便當。

川崎利榮

contents

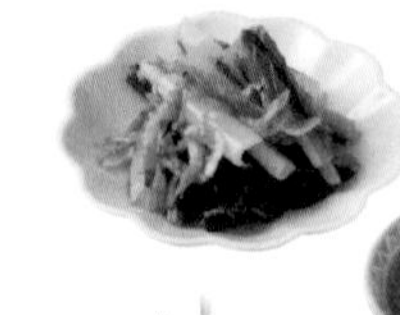

chapter 4

紙蒸懶人便當的

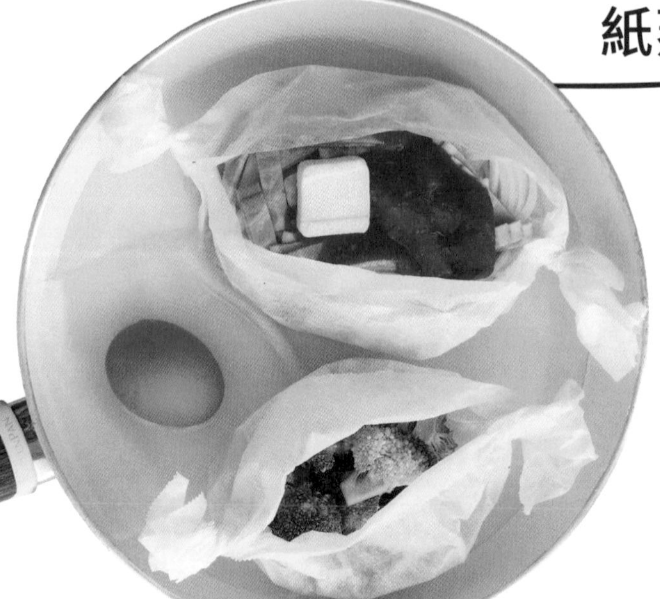

省時省力的「紙蒸懶人便當」
不只製作輕鬆，
還有很多優點!!

烹飪超迅速！

同時做3道菜，縮短料理時間。
只要加水，蓋上鍋蓋，平底鍋以大火蒸8分鐘！
不擅長做菜和忙碌的人也可以持續每天做便當。

幾乎不用油！健康清蒸

紙蒸不需要油煎、油炸，幾乎都是不用油的健康食譜。紙蒸料理即使調味料不多也很美味，適合注重健康的人。

火大約開到
熱水在平底鍋
滾動的程度。

3

不用調整火候，零失敗！

加水、開大火均勻加熱鍋底後「放著不管」8分鐘。不用調整火候，任誰都可以輕鬆做出食譜上的料理。

6大優點

鍋子放著不管，8分鐘一步步解決家事！

在食材加熱的8分鐘內，把白飯裝進便當盒、洗碗、準備早餐……神奇的是，在計時器響起前的這段時間裡，動作會比平常更迅速俐落（笑）。請務必以限時競賽的感覺試試看！

5

容易乾柴的食材也很鮮嫩！

雞胸肉或魚肉這類食材，只要水分流失就容易柴柴的，但若用紙蒸的方式料理，也能烹調出鮮嫩飽滿的口感。即使是過了一段時間才吃的便當，也能感受到紙蒸的效果。

洗碗超輕鬆

由於是利用一個平底鍋同時做3道菜，要洗的廚具很少，清潔相當輕鬆！加上油也用得少，因此不需要拚命刷洗油膩膩的髒汙和焦漬。只要早上的廚房井然有序，一天也會開始得很順暢。

紙蒸懶人便當的
3步驟與注意事項

基本食譜每一道都是在包覆→蒸煮→冷卻3個步驟中完成，超級簡單！
掌握好每個步驟的訣竅，成為紙蒸大師吧。

STEP1 包覆！

烘焙紙撕成長30～40公分，寬約30公分的大小，將食材擺在正中間。肉類盡量不要重疊，薄薄鋪開是均勻受熱的訣竅。也可以使用寬25公分的烘焙紙，只要調整長度，食材就不會溢出來。我都是在超市特賣時一次買取大量便宜的烘焙紙。

point

準備晚餐時順便先切好帶便當用的蔬菜，隔天早上就輕鬆了。備用蔬菜包保鮮膜保存。

扭緊烘焙紙左右兩端，避免蒸煮時有水滲進烘焙紙內。紙包上方也要蓋好，以防蒸煮途中打開。

STEP2 蒸煮！

將紙包放入直徑28公分的平底鍋，加入500ml的水（直徑26公分的鍋子，水就調整到400ml左右），蓋上鍋蓋，開大火到鍋內的水會滾動的程度，蒸8分鐘。調整水量，避免熱水沸騰溢出或乾燒。鍋子旁千萬不要擺放易燃物品。

STEP3 冷卻！

從平底鍋取出紙包，放在調理方盤上冷卻。蒸氣溫度很高，拿紙包時小心不要燙到。

point

加熱後，肉類中間還紅紅的話，輕輕攪拌後再包緊紙包，以餘溫燙肉。

保持便當新鮮的訣竅
面面觀

自己努力做出來的便當希望讓人吃得美味，吃得安心。
因此，在衛生方面要下點小功夫避免便當壞掉。
一開始或許會覺得有點麻煩，但反覆做下來後，
就算腦袋不思考也能像例行公事一樣完成。

裝在方盤裡冷卻
非常有效。

POINT 1 確實冷卻

將還熱熱的飯菜放進便當盒，冷卻時的水滴會凝結在便當盒內部，成為細菌孳生的原因。將熱騰騰的米飯平鋪在調理方盤中，盤底放保冷劑，確實冷卻後再裝盤。米飯涼了後裝入便當盒，以同一個方盤和保冷劑冷卻蒸好的配菜。

POINT 2 盡量避免水氣

魚、肉裹上太白粉以免出水。選擇紫蘇葉當分隔蔬菜，避免使用容易爛掉的美生菜。用廚房紙巾擦乾葉子水氣後再放入便當盒。

紫蘇葉也有
抗菌效果❤

POINT 3

使用拋棄式分菜杯

不要用一般常見的矽膠分菜杯，因為即使清洗仍容易孳生細菌。衛生上推薦的是拋棄式的透明分菜杯。我平常都是在網路商店訂購。

POINT 4

用乾淨的筷子裝便當

以食品級抗菌噴霧「保潔多（pasteuriser）」擦拭便當盒內部，並以沾取微量抗菌液的廚房紙巾擦拭筷尖，每裝一道菜就擦一次更安心。

POINT 5

便當包保鮮膜

菜裝好後，闔上便當蓋前先鋪一層保鮮膜，不但可以防止湯汁外漏，便當菜也不容易滑動，能夠維持開啟時漂亮的狀態。

常用工具

烘焙紙只要寬度在30公分左右，用哪一個牌子都可以。
本書使用的是直徑28公分的平底鍋，用比較小的鍋子時請調整水量。
建議使用鍋子深度超過5公分，鍋蓋能緊密貼合，鍋底和上半部大小相近的類型。
我喜歡用「GREENPAN」的28公分平底鍋。

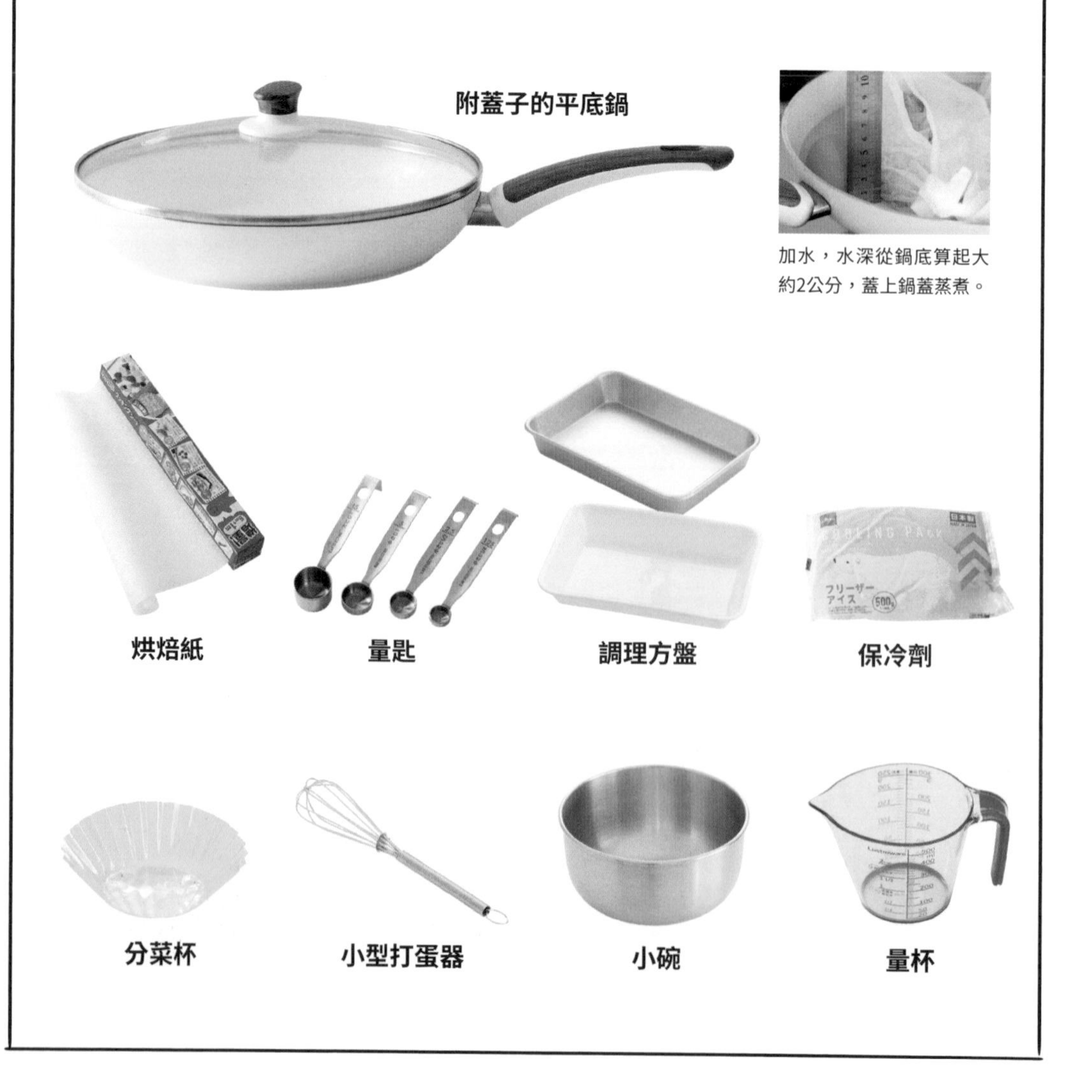

加水，水深從鍋底算起大約2公分，蓋上鍋蓋蒸煮。

常用食材

將即食蔬菜包、黃豆、乾燥羊栖菜當作家中常備食材，
無法去買菜時，只要有庫存就省事多了。
短義大利麵當然也要選擇快煮類！義大利麵和冬粉可以不用泡水直接用紙包蒸，
是十分活躍的食材。白高湯能輕鬆調出好滋味，家中固定擺一罐非常方便。

即食水煮牛蒡（牛蒡絲）

快煮筆管麵

快煮通心麵

即食水煮竹筍（筍絲）

黃豆

乾燥羊栖菜

冬粉

鮪魚罐頭

白高湯

本書使用方法

＊材料與做法基本上可做出2人份的便當。

＊1小匙=5ml，1大匙=15ml，1杯=200ml。

＊蒸煮時間指的是同時烹調3個紙包的情形。

＊調味料方面，基本上醬油用的是濃口醬油，糖是上白糖，醋是穀物醋，酒是日本酒，橄欖油是特級冷壓初榨橄欖油，胡椒是白胡椒粉。顏色不希望太深的菜餚使用薄口醬油就能有漂亮的顏色。

＊薑泥可用市售生薑醬代替。

＊蔬菜基本上是清洗後削皮，去籽、囊、蒂頭、菜心、纖維後使用。

＊平底鍋使用的是有塗層的不沾鍋。

chapter 1

\ 只要有這個就夠了！ /

紙蒸懶人便當 黃金 BEST10

食材以烘焙紙包覆後，
只要用平底鍋蒸8分鐘就好！
紙蒸懶人便當能夠
同時烹調主菜和配菜，
本章將從中介紹我一做再做的
推薦便當BEST10。
每一種組合都在滋味和口感上擁有絕佳平衡，
深受家人好評。

第1名
牛肉時雨煮便當
散發薑味香氣的
甜鹹滋味，
超級下飯。

第2名
燉漢堡排
便當
用紙蒸方式料理，
洋蔥可以不用炒！

第1名

牛肉時雨煮便當

牛肉時雨煮／小松菜蒸蛋／醋漬蘿蔔絲

牛肉時雨煮有著濃厚的甜鹹滋味與薑味，非常下飯，
是大受歡迎的配菜。使用市售即食水煮牛蒡，聰明節省時間。

材料 (2人份)

◉牛肉時雨煮
綜合牛肉片……150g
牛蒡（即食水煮牛蒡絲）
……1/3包（30g）
薑（切絲）……1大塊（20g）
太白粉……1/2小匙
A 砂糖……1大匙
A 醬油……2大匙
A 酒、味醂……1/2大匙
白芝麻……少許

◉小松菜蒸蛋
蛋（打成蛋液）……2顆
小松菜（切1cm長）
……1/3株（25g）
水……1大匙
鹽……1撮

◉醋漬蘿蔔絲
紅蘿蔔（以刨刀刨絲）（a）
……2cm（20g）
白蘿蔔（以刨刀刨絲）
……2cm（50g）
B 砂糖……1大匙
B 醋……1大匙

包法

（1）牛肉放在烘焙紙上，盡量不要重疊，裹上太白粉，均勻淋上A，放入牛蒡和薑絲包好。
（2）將蛋液、小松菜、鹽在碗中拌勻，倒入事先扭轉好兩端的烘焙紙型中（b）。
（3）紅白蘿蔔絲放在烘焙紙上包好。

做法

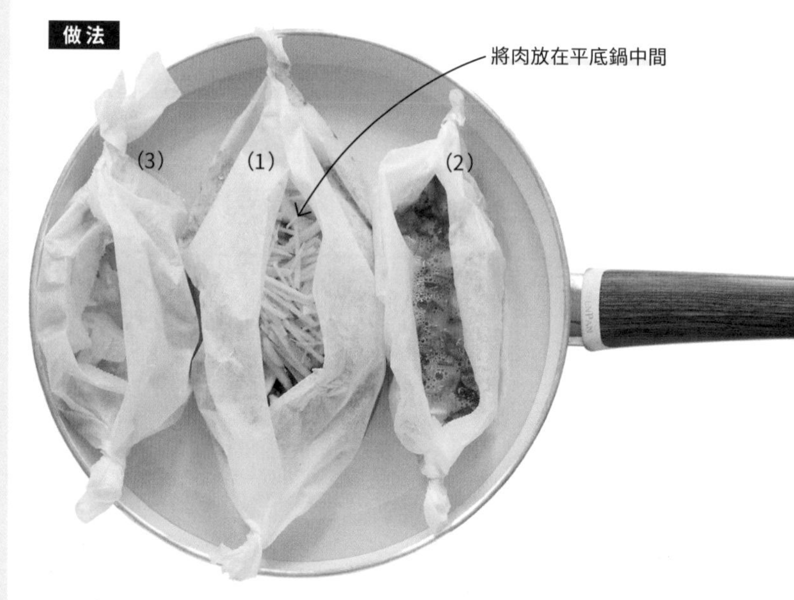

1 (1)(2)(3)放入平底鍋，加入500ml的水，
蓋上鍋蓋以大火蒸8分鐘。將冷卻的米飯裝進便當盒。

2 從平底鍋取出紙包。將(1)拌開。
隔著烘焙紙幫(2)塑型(c)，切成方便入口的大小。
把B加進(3)裡輕拌。

3 冷卻後，把菜裝進便當盒，為牛肉時雨煮撒上芝麻。

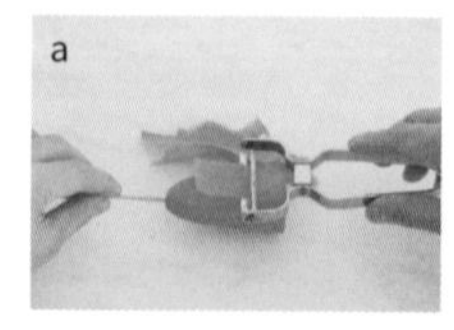

以刨刀刨紅蘿蔔等小食材時，為食材插入竹籤，一邊轉動竹籤一邊刨絲便能安全、完整地利用食材。

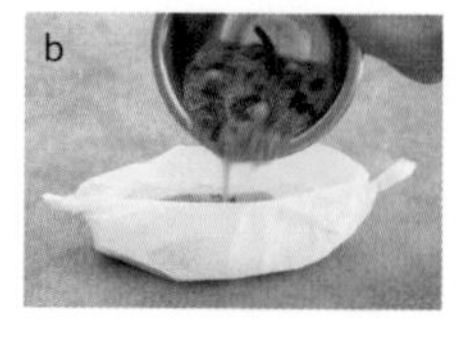

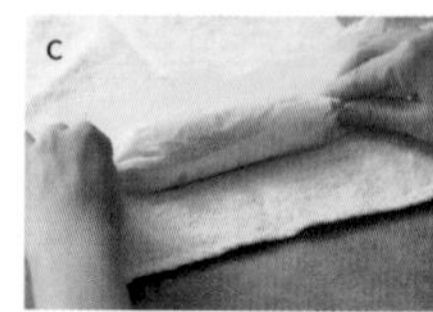

加熱後的蒸蛋紙包放在抹布上，把抹布當壽司捲簾利用，趁熱把蛋捲起來就會做出漂亮的煎蛋捲形狀。

第2名

燉漢堡排便當

燉漢堡排／清蒸時蔬／通心粉沙拉

大家最喜歡的必吃漢堡排便當。
肉泥多準備一點的話，也可以馬上做出青椒鑲肉和肉丸，
是非常方便的食譜！

材料（2人份）

◉燉漢堡排

（肉泥8份→便當用4份）

A
- 牛豬混合絞肉……300g
- 洋蔥（切末）……1/2顆（100g）
- 麵包粉……30g
- 蛋……1顆
- 牛奶……50ml
- 砂糖……1/2大匙
- 太白粉……1大匙
- 鹽、胡椒……各少許

B
- 番茄醬……2大匙
- 中濃醬……1大匙
- 砂糖……1/2大匙

◉清蒸時蔬

南瓜（切1cm厚）……1片（20g）
蘆筍（斜切4等份）……2條（40g）
香菇（十字切4等份）……2朵（20g）

◉通心粉沙拉

通心麵（快煮型）……20g
水……2大匙
紅蘿蔔（切扇形薄片）……2cm（20g）
小黃瓜（切圓形薄片）……4cm（30g）
美乃滋……1大匙

日式梅乾……2顆
彩色米果粒（市售）……適量
紫蘇葉……2片

包法

（1）A的材料全部放入碗中，均勻攪拌至有黏性，取一半分成四等份塑型成圓形（a），在中間壓出凹槽（b）放到烘焙紙上，加入B包好。

（2）南瓜放在烘焙紙上，蓋上蘆筍和香菇包好。

（3）通心麵、紅蘿蔔、小黃瓜放在烘焙紙上，加入2大匙水包好。

做法

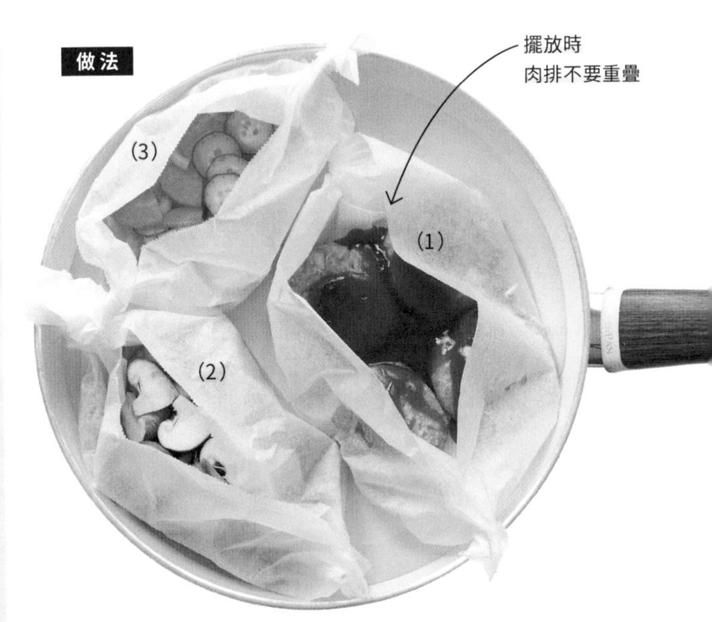

1 (1)(2)(3)放入平底鍋，加入500ml的水，蓋上鍋蓋以大火蒸8分鐘。將冷卻的米飯裝進便當盒，撒上米果粒，擺好梅乾。

2 從平底鍋取出紙包。
用大湯匙將(1)翻面，沾抹醬汁。
打開(2)(3)冷卻，將美乃滋加入(3)攪拌。

3 配菜冷卻後為便當盒鋪上紫蘇葉，裝菜。

a 剩下的肉泥用保鮮膜包緊，冷藏保存。也可以用在p.52、53的食譜中，十分方便。

b 大拇指在肉泥中間壓一個凹槽，漢堡排比較好熟。

不需要
盛裝技巧！
忙碌早晨的
推薦首選！

三色便當

雞鬆／蛋鬆／燙四季豆

無論是雞鬆還是蛋鬆，唯有紙蒸料理
才能做出的濕潤感是美味的關鍵。
不用守在爐子旁寸步不離也好輕鬆！

材料（2人份）

◉雞鬆

雞絞肉……200g

A
- 薑（磨泥）……1小塊（10g）
- 醬油……3大匙
- 砂糖……1大匙
- 酒……1/2大匙

◉蛋鬆

蛋（打成蛋液）……3顆
砂糖……2小匙

◉燙四季豆

四季豆……8～10根（80g～100g）

包法

（1）雞絞肉鋪在烘焙紙上，均勻淋上A。
（2）將砂糖和蛋液打勻，倒入事先扭轉好兩端的烘焙紙型中包好。

做法

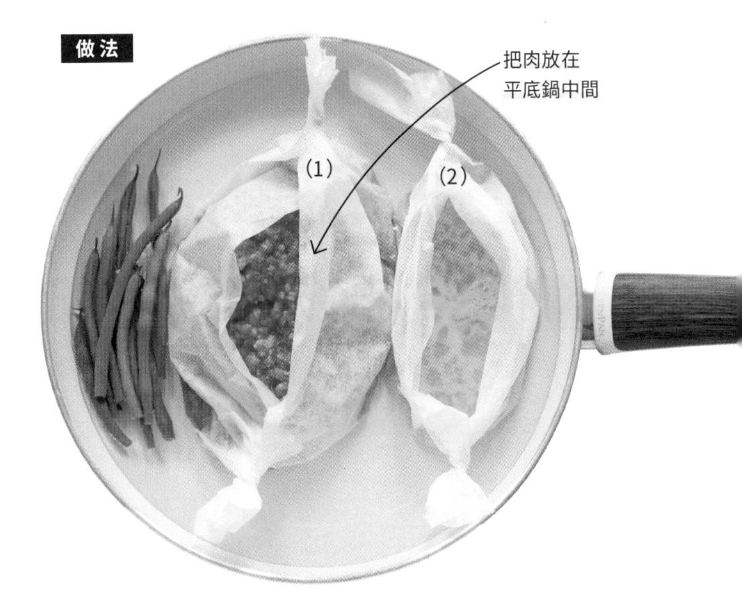

1 (1)(2)放入平底鍋，加入500ml的水，四季豆不用包烘焙紙直接放入鍋中。蓋上鍋蓋以大火蒸8分鐘。將冷卻的米飯裝進便當盒。

2 從平底鍋取出紙包和四季豆。將(1)均勻拌開，以叉子壓碎(2)(a)。四季豆斜切成4公分長。

3 冷卻後將雞鬆和蛋鬆鋪在飯上，四季豆放中間。

蒸好的蛋放在方盤裡，趁熱以叉子等工具壓碎便能輕易做出蛋鬆。在原本包覆的烘焙紙上作業，輕輕鬆鬆。

沒有咖哩塊
也能做！
用咖哩粉
簡單又香辣。

第4名

乾咖哩便當

乾咖哩／醋漬甜椒

這是款突顯洋蔥清甜和咖哩粉香氣的簡單食譜。
裝在鋁製便當盒裡散發濃濃異國風情。

材料 (2人份)

◉乾咖哩

牛豬混合絞肉……200g
洋蔥（切末）……1/2顆（100g）
A | 咖哩粉、番茄醬……各2小匙
A | 太白粉、高湯粉……各1/2小匙
A | 鹽、胡椒……各適量
洋香菜（切末）……適量

◉醋漬甜椒

甜椒（滾刀切小塊）
……紅、黃各1/4顆（75g）
B|砂糖、醋……各1大匙

包法

（1）絞肉和洋蔥鋪在烘焙紙上，加入A包好。
（2）甜椒放在烘焙紙上包好。

做法

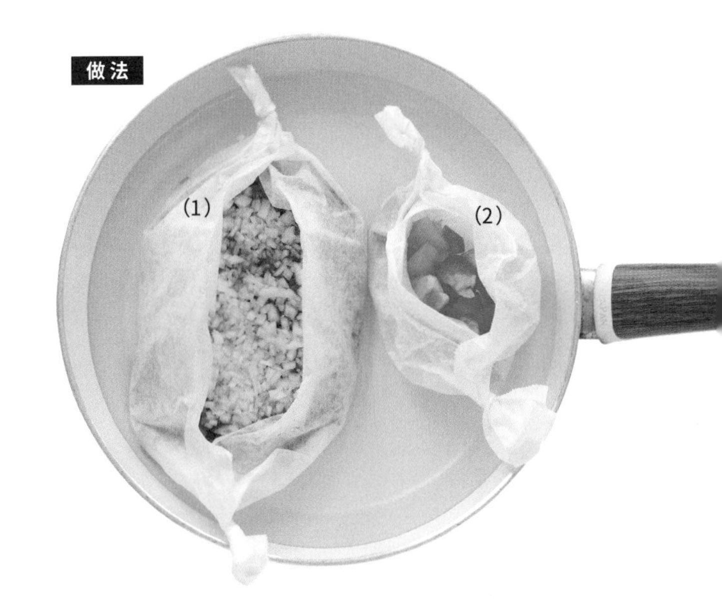

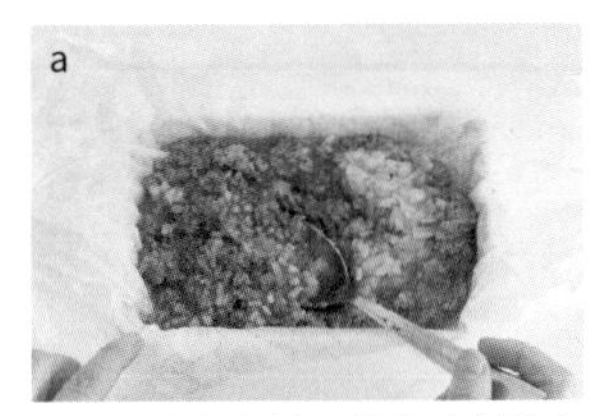

加熱後確實攪拌，讓調味料均勻入味。

1 (1)(2)放入平底鍋，加入500ml的水，
蓋上鍋蓋以大火蒸8分鐘。將冷卻的米飯裝進便當盒。

2 從平底鍋取出紙包。
將(1)均勻拌開(a)，
(2)放入碗中，以拌好的B浸泡。

3 冷卻後將咖哩淋在飯上，撒上洋香菜，佐以醋漬甜椒。

第5名

醬煮鮭魚便當

以市售醃菜
簡單
點綴配色。

第6名
韓式拌飯便當
因為是帶便當，
所以做不放大蒜
也美味的版本！

醬煮鮭魚便當

醬煮鮭魚／
柴魚青花菜鴻喜菇／水煮蛋

把蛋丟進蒸鮭魚和青菜的平底鍋中放著不管，
就能順利完成一顆水煮蛋！
同時煮菜和水煮蛋，這是世界上最簡單的料理方式。

材料（2人份）

◉醬煮鮭魚

鮭魚……2片（200g）

A
- 醬油……1大匙
- 味醂……2大匙
- 砂糖……1/2大匙
- 太白粉……1小匙

◉柴魚青花菜鴻喜菇

青花菜（分成小朵）……4朵（100g）
鴻喜菇（去根部，剝開）
……1/4包（25g）

B
- 醬油……1小匙
- 柴魚片……1撮（2～3g）

◉水煮蛋

蛋……1顆
黑芝麻……少許

醃菜（市售）……適量
檸檬（切薄片）……2片

包法

（1）鮭魚放在烘焙紙上。將A拌勻後，倒在鮭魚上包好。
（2）青花菜和鴻喜菇放在烘焙紙上包好。

做法

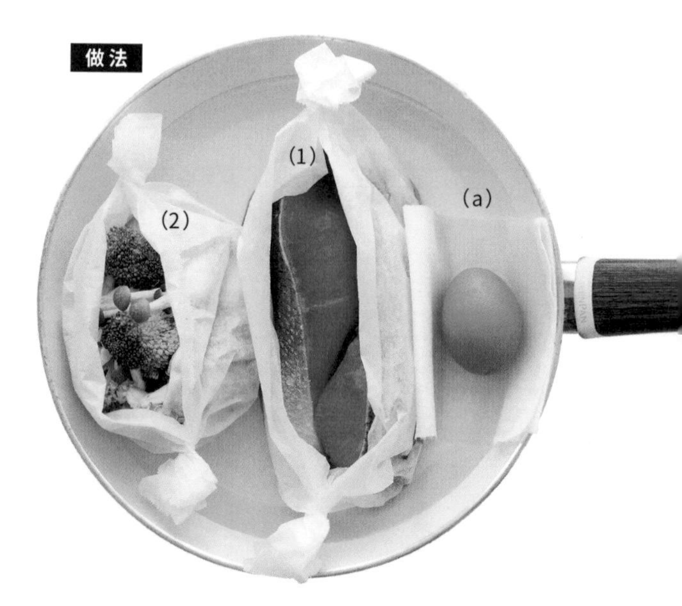

在蛋底下鋪四折的烘焙紙防止蛋在加熱中滾動。加熱後馬上放入冷水中冷卻是半熟蛋；蓋上鍋蓋放置就是全熟水煮蛋。

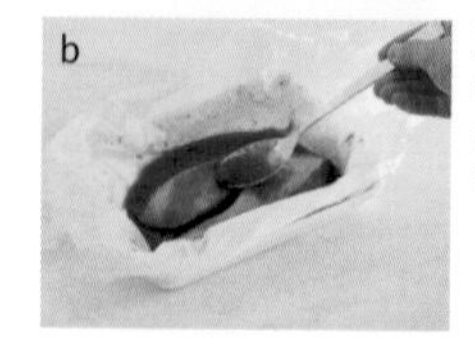

加熱後的鮭魚十分鬆軟易碎，以湯匙撈醬汁淋在表面，不要翻面。

1 (1)(2)和蛋放入平底鍋，在蛋底下鋪一張四折的烘焙紙(a)。加入500ml的水，蓋上鍋蓋以大火蒸8分鐘。將冷卻的米飯裝進便當盒。

2 從平底鍋取出紙包。用湯匙將燉汁淋在(1)的鮭魚上(b)。將B加到(2)中攪拌。水煮蛋浸在水中冷卻，剝掉蛋殼後對切，撒上黑芝麻。

3 冷卻後，所有菜放到飯上，添上醃菜和檸檬片。

第6名 韓式拌飯便當

牛肉甘辛煮／韓式涼拌豆芽菜／韓式涼拌小松菜／韓式涼拌紅蘿蔔

三種韓式涼拌菜有不同的調味和口感，打造便當層次。
在白飯和配菜中間鋪海苔也很好吃。

材料（2人份）

◉牛肉甘辛煮

綜合牛肉片……150g
太白粉……1小匙
A｜砂糖……1大匙
　｜醬油……1大匙
　｜酒……1小匙

◉韓式涼拌豆芽菜

豆芽菜……1/2包（約100g）
B｜雞湯粉、麻油……各1小匙
白芝麻……適量

◉韓式涼拌小松菜

小松菜（切5cm長）
……2株（100g）
C｜醬油、麻油……各1小匙
　｜白芝麻粉……1撮

◉韓式涼拌紅蘿蔔

紅蘿蔔（以刨刀刨絲）……1/3根（50g）
D｜砂糖、醋、麻油……各1小匙

包法

（1）牛肉放在烘焙紙上，裹上太白粉，加入A拌勻包好。
（2）豆芽菜放在烘焙紙上，淋上B包好(a)。
（3）小松菜放在烘焙紙上包好。
（4）紅蘿蔔絲放在烘焙紙上包好。

做法

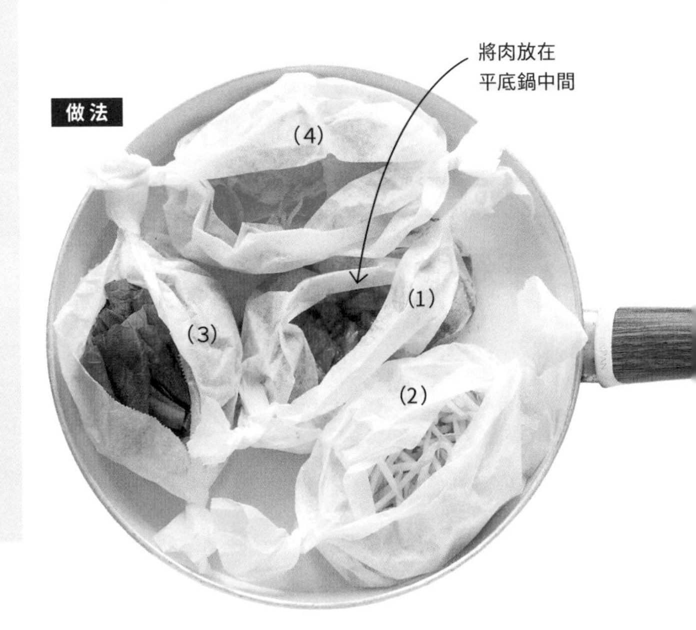

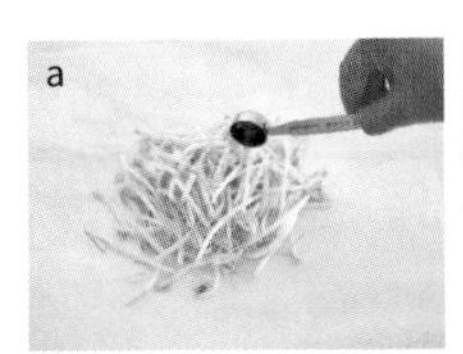

豆芽菜水分含量高，淋上麻油後再包起來加熱可以提升口感。

注意，小松菜蒸8分鐘後要馬上打開紙包，接觸冷空氣。一直包著持續加熱的話會變黃。

1 (1)(2)(3)(4)放入平底鍋，加入500ml的水，蓋上鍋蓋以大火蒸8分鐘。將冷卻的米飯裝進便當盒。

2 從平底鍋取出紙包。將(1)拌開，(2)加入芝麻攪拌，(3)加入C(b)、(4)加入D攪拌。

3 冷卻後，將牛肉和三種涼拌菜放到飯上。

筆管麵也是
紙蒸料理的
強項！

第7名

拿坡里筆管麵便當

拿坡里筆管麵／青花菜玉米水煮蛋沙拉

在烘焙紙中加入調味料和水，一個步驟就搞定。
3分鐘就能熟的快煮筆管麵價格也很划算，十分方便。

材料 (2人份)

◉拿坡里筆管麵

筆管麵（快煮型）……100g
青椒（切薄片）……1顆（35g）
洋蔥（切薄片）……1/2小顆（100g）
培根（切1cm寬）……3片
A
- 番茄醬……3大匙
- 奶油……10g
- 味醂……1大匙
- 高湯粉……1小匙

水……200ml
起司粉……適量

◉青花菜玉米水煮蛋沙拉

青花菜（分成小朵）……4朵（100g）
B｜罐裝玉米粒、美乃滋……各1大匙
鹽、胡椒……各少許
蛋……1顆

包法

（1）筆管麵放入事先扭轉好兩端的烘焙紙型中，倒入200ml的水(a)。加入青椒、洋蔥、培根，淋上A包好。
（2）青花菜放在烘焙紙上包好。

做法

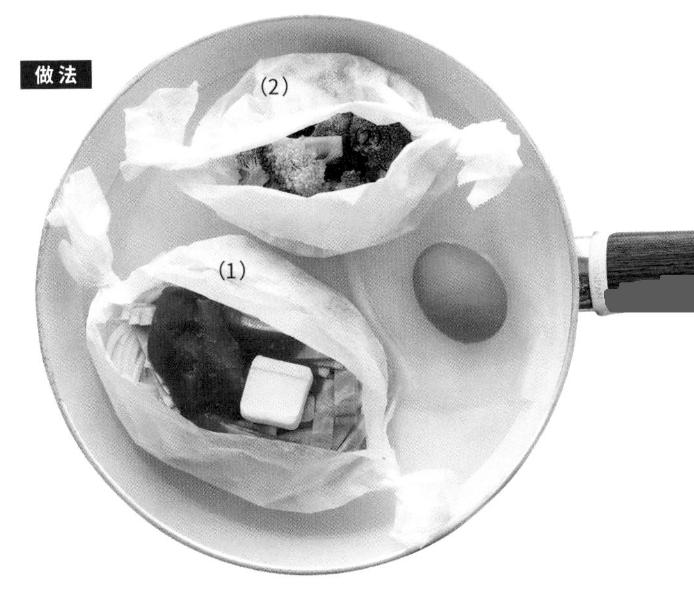

1 (1)(2)和蛋放入平底鍋，在蛋底下放一張四折的烘焙紙固定。加入500ml的水，蓋上鍋蓋以大火蒸8分鐘。

2 從平底鍋取出紙包。將(1)拌勻(2)，(2)打開冷卻。水煮蛋浸冷水冷卻後剝掉蛋殼，切成方便入口的大小。將水煮蛋和B加入(2)攪拌，再以鹽巴、胡椒調味。

3 冷卻後裝進便當盒，為筆管麵撒上起司粉。

烘焙紙拉寬，讓筆管麵能盡量攤開，做出可以加水的高度，旋緊兩端。

上下均勻攪拌筆管麵，讓醬汁充分浸透每一處。

因為是用蒸的，
豬肉冷掉
還是很嫩～

第8名

薑汁豬肉便當

薑汁豬肉／地瓜檸檬煮／魩仔魚青椒

薑燒風豬肉與酸酸甜甜的地瓜檸檬煮是絕配。
魩仔魚青椒以市售白高湯烹調，成功率百分百。

材料（2人份）

◉薑汁豬肉

綜合豬肉片……150g
洋蔥（切薄片）……1/4顆（50g）
薑（切絲）……1小塊（10g）
太白粉……1/2小匙
A｜醬油……2大匙
　｜酒……1/2大匙

◉地瓜檸檬煮

地瓜（切5mm厚圓形薄片）……6片
B｜檸檬（切薄片後再切十字分4份）……2片
　｜砂糖……2小匙

◉魩仔魚青椒

青椒（切絲）……3顆（105g）
魩仔魚……10g
白高湯……1小匙
白芝麻……少許

香鬆（市售）……適量
紫蘇葉……2片

裹了太白粉，肉片即使冷掉還是很嫩，不僅調味料更容易入味也能防止出水。

包法

（1）豬肉放在烘焙紙上，裹上太白粉鋪好。將A拌勻，和洋蔥、薑一起放到肉上包好(a)。
（2）地瓜放到烘焙紙上，盡量不要重疊，加入B包好。
（3）青椒、魩仔魚放在烘焙紙上，加入白高湯包好。

做法

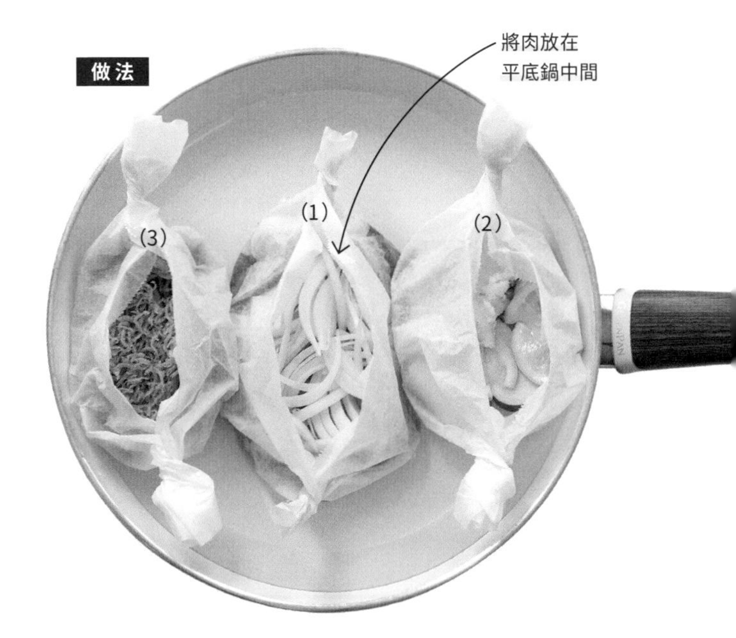

1 (1)(2)(3)紙包放入平底鍋，加入500ml的水，蓋上鍋蓋以大火蒸8分鐘。將冷卻的米飯裝進便當盒，撒上香鬆。

2 從平底鍋取出紙包。(1)(3)各自拌勻，將(2)的地瓜翻面，吸收糖汁。

3 配菜冷卻後為便當盒鋪上紫蘇葉，裝菜，為魩仔魚青椒撒上白芝麻。

超減鹽！
只要1/4小匙鹽
巴，就能做出
美味雞腿。

鹽檸檬雞丁便當

鹽檸檬雞丁／涼拌芝麻南瓜／奶油醬油菠菜佐油豆腐皮

即使少鹽，紙蒸料理也能讓鹹度和鮮味充分融入食材，滿足味蕾的需求！清爽檸檬香散發迷人魅力。

材料（2人份）

◉鹽檸檬雞丁

無骨雞腿肉……1片（200g～250g）
鹽……1/4小匙
太白粉……1小匙
檸檬（切3mm厚薄片）……2片

◉涼拌芝麻南瓜

南瓜（切1cm小丁）……60g
砂糖……1/2小匙
A│醬油、白芝麻粉……各1小匙

◉奶油醬油菠菜佐油豆腐皮

菠菜（切4cm長）
……1/3包（約50g）
日式油豆腐皮（橫切4等份後，再切成1cm寬的細條）……1張
奶油……10g
醬油……1小匙

日式梅乾……2顆
黑芝麻……適量
小番茄（對半切）……2顆

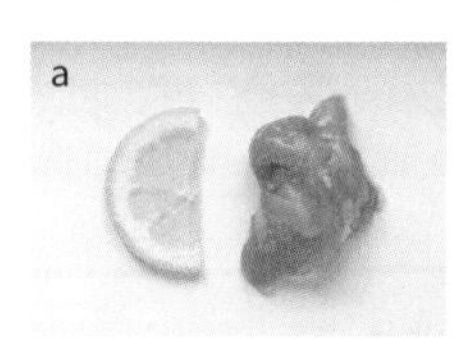

由於雞肉不容易熟，所以切成每塊15g左右，約一口大小的雞丁。

烘焙紙攤得大大的，雞肉擺的時候盡量不要重疊，檸檬放在肉上。

包法

（1）雞腿肉斜刀切成一口大小(a)，撒鹽抓匀，接著裹上太白粉放在烘焙紙上不要重疊，最後加入檸檬包好(b)。
（2）南瓜放在烘焙紙上，倒入砂糖包好。
（3）按照菠菜→奶油→油豆腐皮的順序將食材放到烘焙紙上包好。

做法

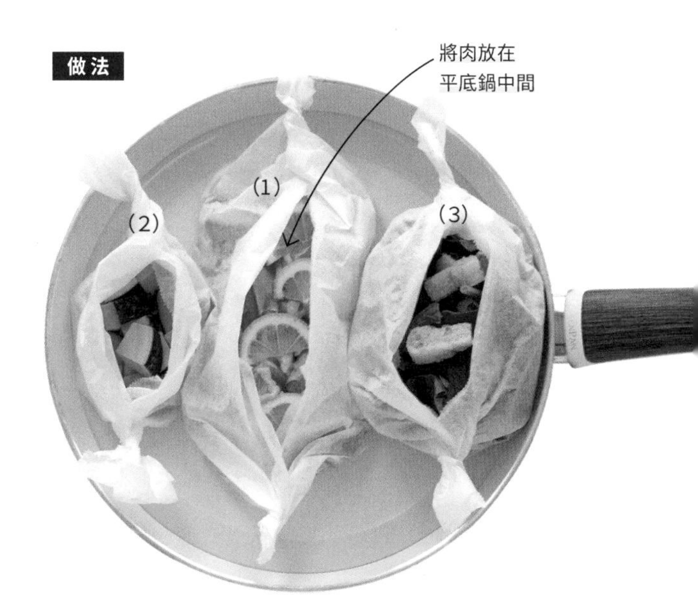

1 (1)(2)(3)放入平底鍋，加入500ml的水，蓋上鍋蓋以大火蒸8分鐘。將冷卻的米飯裝進便當盒，撒上黑芝麻，擺好梅乾。

2 從平底鍋取出紙包。將(1)拌勻。將A加入(2)拌一拌，醬油加入(3)拌一拌。

3 冷卻後，把菜裝進便當盒，加入小番茄。

樸實
卻令人安心的
懷念滋味。

鯖魚芝麻味噌煮便當

鯖魚芝麻味噌煮／蟹肉棒蛋捲／海苔鹽洋芋片

蒸煮的鯖魚魚肉飽滿鮮嫩，
薑片有效去除魚腥味。
主菜是甜甜的味噌口味，配菜就做旨鹽口味。

材料 (2人份)

◉鯖魚芝麻味噌煮

鯖魚（切2cm寬）……1/2塊

A
- 味噌……2大匙
- 砂糖、白芝麻粉……各1大匙
- 酒、味醂……各1/2大匙
- 太白粉……1/2小匙

薑（切片）……4～5片

◉蟹肉棒蛋捲

蛋（打成蛋液）……2顆

B
- 蟹肉棒（撕細絲）……2條
- 青蔥（切蔥花）……10g
- 水……1大匙
- 雞湯粉……1/4小匙
- 鹽……1撮

◉海苔鹽洋芋片

馬鈴薯（切5mm厚半月形薄片）……1顆（150g）

C｜鹽、青海苔……各適量

紫蘇葉……2片
醃菜（市售）……適量

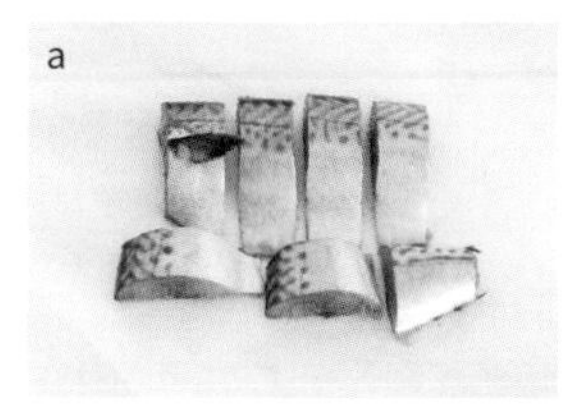

鯖魚疊在一起不容易熟，擺的時候務必要保留間隔。

包法

（1）鯖魚放在烘焙紙上，不要重疊(a)。將A拌勻後均勻淋上去，放入薑片包好。
（2）將蛋液和B在碗中拌勻，倒入事先扭轉好兩端的烘焙紙型中。
（3）馬鈴薯放在烘焙紙上包好。

做法

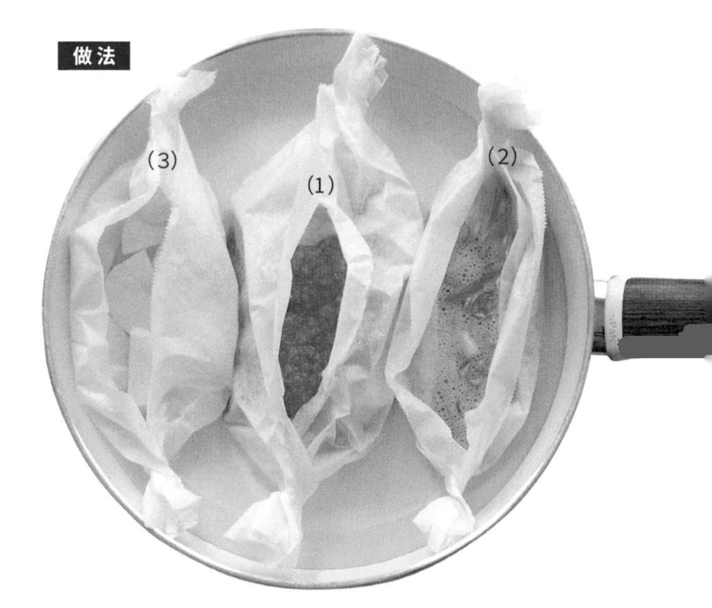

1 (1)(2)(3)放入平底鍋，加入500ml的水，蓋上鍋蓋以大火蒸8分鐘。將冷卻的米飯裝進便當盒。

2 從平底鍋取出紙包。拿湯匙將(1)的燉汁均勻淋在鯖魚上。(2)紙包不解開，用抹布捲起來塑型成長條狀後切開。將C撒到(3)上。

3 配菜冷卻後為便當盒鋪上紫蘇葉，裝菜，添上醃菜。

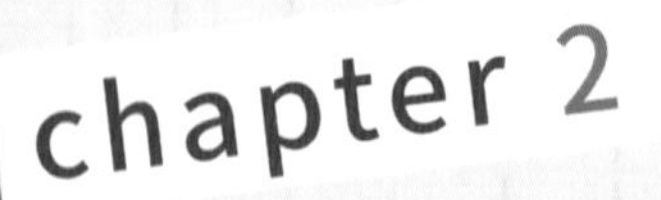

chapter 2

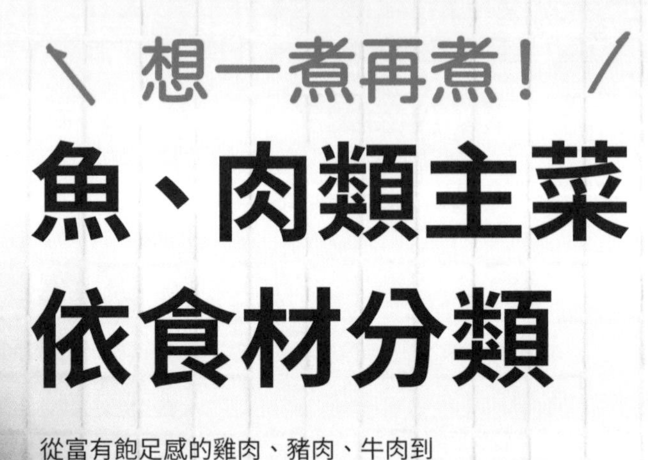

想一煮再煮！

魚、肉類主菜依食材分類

從富有飽足感的雞肉、豬肉、牛肉到
鯖魚、青甘魚、土魠魚等，
本章依食材分門別類，集結各種擔任便當主角的主菜。
紙蒸方式烹調採用最低限度的調味料，
不論什麼肉嘗起來都鮮嫩多汁。

無骨雞腿肉

韓式辣炒雞 ☆

材料 (2人份)

無骨雞腿肉（切丁，約一口大小）……1片（200g）
洋蔥（順著纖維切薄片）……1/2顆（100g）
太白粉……1小匙
A | 雞湯粉……1/2小匙
A | 韓式辣椒醬……1小匙
A | 砂糖、醬油……各1大匙
麻油……1/2小匙
辣椒絲（有的話再加）……適量

做法

1 雞肉放在烘焙紙上，裹上太白粉攤平，加入洋蔥和A包好。紙包放入平底鍋，加入500ml的水，蓋上鍋蓋以大火蒸8分鐘。

2 從平底鍋取出紙包，淋上麻油攪拌，再次將紙包包起來以餘溫燙肉，放置冷卻。隨個人喜好添加辣椒絲。

甜鹹醬黑胡椒雞 >>

材料 (2人份)

無骨雞腿肉（切丁，約一口大小）……1片（200g）
太白粉……1小匙
A 砂糖……1大匙
A 醬油……2大匙
黑胡椒……適量

做法

1 雞肉放在烘焙紙上，裹上太白粉攤平，加入A包好。紙包放入平底鍋，加入500ml的水，蓋上鍋蓋以大火蒸8分鐘。

2 從平底鍋取出紙包，加入黑胡椒攪拌，再次將紙包包起來以餘溫燙肉，放置冷卻。

和風糖醋雞 >>

材料 (2人份)

無骨雞腿肉（切丁，約一口大小）……1片（200g）
甜椒（滾刀切小塊）……紅、黃各1/4顆（75g）
青花菜（1朵對切）……4朵（100g）
太白粉……1小匙
A 砂糖、醋、番茄醬……各1大匙
A 醬油……1/2大匙
A 雞湯粉……1/2小匙
麻油……1/2小匙

做法

1 雞肉放在烘焙紙上裹上太白粉，加入A拌勻攤平，接著加入甜椒和青花菜包好。紙包放入平底鍋，加入500ml的水，蓋上鍋蓋以大火蒸8分鐘。

2 從平底鍋取出紙包，加入麻油攪拌，再次將紙包包起來以餘溫燙肉，放置冷卻。

柑橘醋雞丁 >>

材料 (2人份)

無骨雞腿肉（切丁，約一口大小）……1片（200g）
日本大蔥（切斜段）……1/4根（25g）
太白粉……1小匙
柑橘醋……3大匙
白芝麻……少許

做法

1 雞肉放在烘焙紙上，裹上太白粉攤平，加入大蔥和柑橘醋包好。紙包放入平底鍋，加入500ml的水，蓋上鍋蓋以大火蒸8分鐘。

2 從平底鍋取出紙包，加入白芝麻攪拌，再次將紙包包起來以餘溫燙肉，放置冷卻。

芝麻美乃滋涼拌雞胸肉

材料（2人份）

雞胸肉（去皮）……1/2片（90g）

A
- 太白粉……1/2小匙
- 鹽……1撮

紅蘿蔔（以刨刀刨絲）……1/4根（50g）

青椒（切絲）……1顆（35g）

B
- 美乃滋……1大匙
- 白芝麻粉……1小匙

做法

1 雞肉斜刀削薄片（a），裹上A。雞肉、紅蘿蔔絲、青椒放在烘焙紙上包好。紙包放入平底鍋，加入500ml的水，蓋上鍋蓋以大火蒸8分鐘。

2 從平底鍋取出紙包，將B拌勻，和紙包內的食材拌在一起，確實冷卻。

想避免雞胸肉乾澀，切法很重要。首先，順著雞肉紋理將肉切半，接著傾斜菜刀，像要切斷紋理一樣將肉削成薄片。

香蒸雞胸肉 «

材料 (2人份)

雞胸肉（去皮）……1/2片（90g）
太白粉……1/2小匙
A｜日本大蔥（切斜段）……1/2根（50g）
　｜紅蘿蔔（以刨刀刨絲）……1/4根（50g）
　｜鴻喜菇（去根部，剝開）……1/2包（50g）
雞湯粉……1小匙

做法

1 雞肉斜刀削薄片，裹上太白粉。雞肉和A的蔬菜放在烘焙紙上，加入雞湯粉包好。紙包放入平底鍋，加入500ml的水，蓋上鍋蓋以大火蒸8分鐘。

2 從平底鍋取出紙包，攪拌均勻，確實冷卻。

蠔油美乃滋雞柳 »

材料 (2人份)

雞柳（去筋）……2條（80g）
太白粉……1/2小匙
甜椒（滾刀切小塊）……紅、黃各1/4顆（75g）
青花菜（分成小朵）……4朵（100g）
A｜蠔油……1又1/2大匙
　｜美乃滋……1大匙

做法

1 雞柳斜刀切丁，約一口大小，裹上太白粉。雞柳、甜椒、青花菜放在烘焙紙上包好。紙包放入平底鍋，加入500ml的水，蓋上鍋蓋以大火蒸8分鐘。

2 從平底鍋取出紙包，將A拌勻，和紙包內的食材拌在一起，確實冷卻。

涼拌辣雞柳 «

材料 (2人份)

雞柳（去筋）
……2條（80g）
太白粉……1/2小匙
小松菜（切3cm長）
……1株（60g）
A｜砂糖、醋……各1大匙
　｜醬油……2大匙
　｜豆瓣醬……1/2小匙
　｜麻油……1/2小匙

做法

1 雞柳斜刀切丁，約一口大小，裹上太白粉。雞柳和小松菜放在烘焙紙上包好。紙包放入平底鍋，加入500ml的水，蓋上鍋蓋以大火蒸8分鐘。

2 從平底鍋取出紙包，將A拌勻，和紙包內的食材拌在一起，確實冷卻。

雞絞肉

雞肉排漢堡 «

材料 (4個)

雞肉泥8份（便當用4份）
蓮藕……80g（直徑5cm的蓮藕取5cm）

A
- 雞絞肉……300g
- 香菇（去蒂切末）……4朵（40g）
- 薑（磨泥）……1小塊（10g）
- 太白粉……1大匙

B
- 砂糖……1大匙
- 醬油……2大匙

做法

1 蓮藕切8片薄片，剩餘的切末。將A和蓮藕末攪拌均勻，取一半分成四等份，塑型成圓形。

a

2 用2片蓮藕片夾住1輕壓後(a)，放在烘焙紙上加入B包好。紙包放入平底鍋，加入500ml的水，蓋上鍋蓋以大火蒸8分鐘。

3 從平底鍋取出紙包，將雞肉排漢堡翻面，確實冷卻。

剩下的肉泥可以做p.45的信田捲或p.107的香菇鑲肉，用保鮮膜包起來存放。

和風白蘿蔔雞肉咖哩 »

材料 (2人份)

雞絞肉……150g
太白粉……1小匙
白蘿蔔（切5mm厚扇形薄片）……80g
紅蘿蔔（切5mm厚半月形薄片）……2cm（20g）
四季豆（切3cm長）……2根（20g）

A
- 白高湯……1大匙
- 咖哩粉……1小匙

做法

1 雞絞肉放在烘焙紙上裹上太白粉，加入A，簡單拌一下，放進白蘿蔔、紅蘿蔔、四季豆包好，擺入平底鍋。加入500ml的水，蓋上鍋蓋以大火蒸8分鐘。

2 從平底鍋取出紙包，攪拌後確實冷卻。

雞肉馬鈴薯 «

材料 (2人份)

雞絞肉……150g
馬鈴薯（切5mm厚半月形薄片）……1/2顆（75g）
太白粉……1小匙
A 砂糖……1大匙
A 薑……1又1/2大匙

做法

1 雞絞肉放在烘焙紙上，簡單拌一下太白粉，加入A拌勻。

2 馬鈴薯放在1上面包好，放入平底鍋，加入500ml的水，蓋上鍋蓋以大火蒸8分鐘。

3 從平底鍋取出紙包，攪拌後確實冷卻。

信田捲 »

材料 (2人份)

雞肉泥（p.44）……20g
日式油豆腐皮……1張
A 白高湯……1大匙
A 水……1/2大匙
A 砂糖……1小匙

做法

1 油豆腐皮剪成4等份後再各自剪開連接處，只保留一短邊相連(a)。取1/4肉泥放在豆腐皮上捲起(b)、(c)。其餘3份也照做。

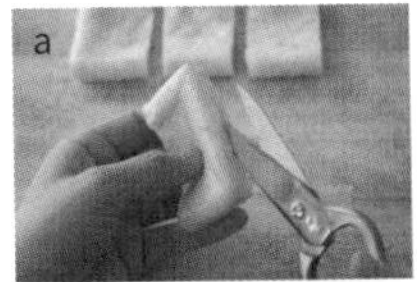

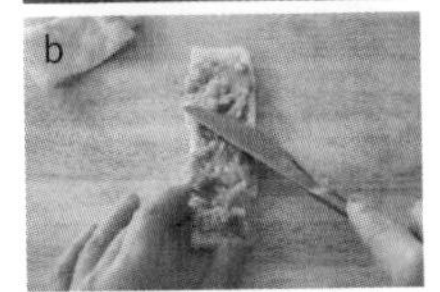

2 1放在烘焙紙上加入A包好，放入平底鍋，加入500ml的水，蓋上鍋蓋以大火蒸8分鐘。

3 從平底鍋取出紙包，將肉捲翻面，確實冷卻。

南瓜豬肉捲

甜椒豬肉捲

紅蘿蔔青椒豬肉捲

蘆筍豬肉捲

把冰箱裡的
剩菜
都拿來包包看！

甜椒豬肉捲 «

材料 (4人份)

豬五花薄片(長度對半切)……2片(50g)
甜椒(切5mm寬)
……紅、黃各1/2顆(150g)
太白粉……1小匙
蠔油……2大匙

做法

1 將1片豬肉鋪在烘焙紙上,取1/4的甜椒捲起來,裹上太白粉。其餘3片薄片也照做。豬肉捲均勻淋上蠔油後包好,放入平底鍋,加入500ml的水,蓋上鍋蓋以大火蒸8分鐘。

2 從平底鍋取出紙包,豬肉捲裹一裹紙包內的蠔油,確實冷卻。

南瓜豬肉捲 «

材料 (4人份)

豬五花薄片(長度對半切)……2片(50g)
南瓜(切4cm長、1cm厚的月牙形)……2塊(40g)
太白粉……1/2小匙
A | 砂糖……1/2大匙
A | 醬油……1大匙

做法

1 將1片豬肉鋪在烘焙紙上,捲1塊南瓜,裹上太白粉。其餘3片薄片也照做。豬肉捲均勻淋上A後包好,放入平底鍋,加入500ml的水,蓋上鍋蓋以大火蒸8分鐘。

2 從平底鍋取出紙包,豬肉捲裹一裹紙包內的醬汁,確實冷卻。

蘆筍豬肉捲 «

材料 (4人份)

豬五花薄片(長度對半切)……2片(50g)
蘆筍(以削皮刀削去根部,切4等份)……2根
太白粉……1/2小匙
A | 咖哩粉……1/4小匙
A | 雞湯粉……1/4小匙

做法

1 將1片豬肉鋪在烘焙紙上,捲2根蘆筍,裹上太白粉。其餘3片薄片也照做。豬肉捲均勻淋上A後包好,放入平底鍋,加入500ml的水,蓋上鍋蓋以大火蒸8分鐘。

2 從平底鍋取出紙包,以筷子翻轉豬肉捲沾附醬汁,確實冷卻。

紅蘿蔔青椒豬肉捲 «

材料 (4人份)

豬五花薄片(長度對半切)……2片(50g)
紅蘿蔔(以刨刀刨絲)……1/4根(50g)
青椒(切絲)……2顆(70g)
太白粉……1/2小匙
鹽、粗粒黑胡椒……少許

做法

1 將1片豬肉鋪在烘焙紙上,取1/4的紅蘿蔔和青椒捲起,裹上太白粉。其餘3片薄片也照做。豬肉捲撒上鹽、黑胡椒後包好,放入平底鍋,加入500ml的水,蓋上鍋蓋以大火蒸8分鐘。

2 從平底鍋取出紙包,確實冷卻。

糖醋蓮藕蒸豬肉 «

材料 (2人份)

綜合豬肉片……150g
太白粉……1/2小匙
蓮藕（切5mm厚半月形薄片）
……80g（直徑5cm的蓮藕取5cm）
A｜砂糖、醋……各1/2大匙
　｜醬油……2大匙

做法

1 豬肉鋪在烘焙紙上，均勻裹上太白粉。加入A讓豬肉吸附，放入蓮藕包好。紙包放入平底鍋，加入500ml的水，蓋上鍋蓋以大火蒸8分鐘。

2 從平底鍋取出紙包，攪拌均勻，確實冷卻。

甜鹹味噌茄子豬肉 «

材料 (2人份)

綜合豬肉片……150g
太白粉……1/2小匙
茄子（切1口大小）……1/2條（50g）
A｜味噌……2大匙
　｜砂糖……1大匙
七味辣椒粉……少許

做法

1 豬肉鋪在烘焙紙上，均勻裹上太白粉。加入A，放入茄子包好。紙包放入平底鍋，加入500ml的水，蓋上鍋蓋以大火蒸8分鐘。

2 從平底鍋取出紙包，均勻攪拌後撒上七味辣椒粉，確實冷卻。

鹽味清蒸
高麗菜豬肉 >>

材料（2人份）

綜合豬肉片……150g
太白粉……1/2小匙
高麗菜（切長寬約3cm的片狀）……80g
鴻喜菇（去根部，剝開）……1/4包（25g）
雞湯粉……2小匙
麻油……1小匙
鹽、粗粒黑胡椒……各少許

做法

1 豬肉鋪在烘焙紙上，均勻裹上太白粉。放入高麗菜、鴻喜菇，撒上雞湯粉包好。紙包放入平底鍋，加入500ml的水，蓋上鍋蓋以大火蒸8分鐘。

2 從平底鍋取出紙包，均勻攪拌後加入麻油、鹽、黑胡椒調味，確實冷卻。

高湯白菜燉肉 >>

材料（2人份）

綜合豬肉片……150g
太白粉……1小匙
大白菜（切2cm長的片狀）……2片（100g）
紅蘿蔔（以刨刀刨絲）……20g
A｜白高湯……2大匙
　｜砂糖……1/2大匙

做法

1 豬肉鋪在烘焙紙上，均勻裹上太白粉。放入大白菜、紅蘿蔔絲，加入A包好。紙包放入平底鍋，加入500ml的水，蓋上鍋蓋以大火蒸8分鐘。

2 從平底鍋取出紙包，攪拌均勻，確實冷卻。

無皮燒賣 ⌃⌃

材料（8個）

A
- 豬絞肉……150g
- 水煮碎干貝罐頭……1罐（70g）
- 洋蔥（切末）……1/4顆（50g）
- 薑（磨泥）……1小塊（10g）
- 太白粉、醬油……各1小匙

冷凍青豆仁……8顆

做法

1 A倒入碗中攪拌均勻，分8等份捏成肉丸。肉丸上各放1顆青豆仁。

2 1放在烘焙紙上包好，放入平底鍋，加入500ml的水，蓋上鍋蓋以大火蒸8分鐘。

3 從平底鍋取出紙包，不打開，以餘溫燙肉，放置冷卻。

豆瓣蘿蔔肉末煮 ⌃⌃

材料（2人份）

豬絞肉……100g
白蘿蔔（切5mm厚扇形薄片）
……3～4cm（100g）
太白粉……1/2小匙
豆瓣醬……少許
蠔油……1大匙

做法

1 豬絞肉放在烘焙紙上，裹上太白粉，加入白蘿蔔、豆瓣醬、蠔油包好。紙包放入平底鍋，加入500ml的水，蓋上鍋蓋以大火蒸8分鐘。

2 從平底鍋取出紙包，均勻攪拌後冷卻。

鹽味肉末高麗菜

材料 (2人份)

豬絞肉……100g
高麗菜（切3cm菜丁）
……1/4顆（100g）
薑（切細絲）……1小塊（10g）
太白粉……1/2小匙
酒……1小匙
鹽……1/4小匙

做法

1 豬絞肉放在烘焙紙上，裹上太白粉，淋酒。加入高麗菜、薑絲，撒鹽後包好。紙包放入平底鍋，加入500ml的水，蓋上鍋蓋以大火蒸8分鐘。

2 從平底鍋取出紙包，均勻攪拌後冷卻。

韓式雜菜冬粉

材料 (2人份)

豬絞肉……100g
冬粉（不泡水）……20g
紅蘿蔔（切絲）……2cm（20g）
香菇（切薄片）……2朵（20g）
韭菜（切3cm長）……3～4根
A 雞湯粉……1/2小匙
A 砂糖、醬油……各1大匙
水……2大匙
麻油、白芝麻……適量

做法

1 按照冬粉→豬絞肉→紅蘿蔔→香菇→韭菜的順序，將食材放到烘焙紙上，加入A和2大匙的水包好，上方略微打開。紙包放入平底鍋，加入500ml的水，蓋上鍋蓋以大火蒸8分鐘。

2 從平底鍋取出紙包，拌入麻油，冷卻後撒上白芝麻。

牛豬混合絞肉

肉泥變化食譜

起司漢堡排 »

材料 (2人份)

肉泥（p.21）……1/2塊
起司絲（切達起司）……2片
醬汁……參照p.21的B

做法

1 肉泥分成4等份，捏成肉排，撒上起司。

2 醬汁材料全部放到烘焙紙上，擺上漢堡排包好。紙包放入平底鍋，加入500ml的水，蓋上鍋蓋以大火蒸8分鐘。

3 從平底鍋取出紙包，用湯匙撈醬汁淋在漢堡排上。再次將紙包包起來以餘溫燙肉，放置冷卻。

青椒鑲肉 «

材料 (2人份)

肉泥（p.21）……1/2塊
青椒……3顆
麵粉……少許
醬汁……參照p.21的B

做法

1 青椒對半切開，去掉蒂頭，內側抹上一層薄薄的麵粉。肉泥分成6等份，填進青椒中。

2 將1擺到烘焙紙上，青椒在下肉朝上，均勻淋上醬汁包好。紙包放入平底鍋，加入500ml的水，蓋上鍋蓋以大火蒸8分鐘。

3 從平底鍋取出紙包，青椒翻面。再次將紙包包起來以餘溫燙肉，放置冷卻。

糖醋肉丸 »

材料 （2人份）

肉泥（p.21）……1/2塊

A
- 醋、砂糖……各2大匙
- 醬油……1大匙
- 雞湯粉、太白粉……各1/2小匙
- 麻油……少許

做法

1 肉泥分成8等份捏成肉丸，擺到烘焙紙上包起來，略留一個開口。將A拌勻後淋在肉丸上。

2 1放入平底鍋，加入500ml的水，蓋上鍋蓋以大火蒸8分鐘。

3 從平底鍋取出紙包，讓醬汁均勻浸透每顆肉丸。再次將紙包包起來以餘溫燙肉，放置冷卻。

迷你肉餅 «

材料 （2人份）

肉泥（p.21）……1/2塊

鵪鶉蛋（水煮即食包）……6顆

A
- 高湯粉……1/2小匙
- 咖哩粉……1/2小匙

洋香菜（切末）……適量

做法

1 肉泥分成6等份，包住鵪鶉蛋，捏成球形。

2 1放到烘焙紙上加入A包好。紙包放入平底鍋，加入500ml的水，蓋上鍋蓋以大火蒸8分鐘。

3 從平底鍋取出紙包，讓醬汁均勻浸透每顆肉丸。再次將紙包包起來以餘溫燙肉，放置冷卻。最後撒上洋香菜。

燒肉醬洋蔥牛肉 «

材料 (2人份)

綜合牛肉片……150g
太白粉……1/2小匙
洋蔥（順著纖維切薄片）……1/2顆（100g）
燒肉醬（市售）……2大匙

做法

1 牛肉鋪在烘焙紙上，裹上太白粉，放入洋蔥包好。紙包放入平底鍋，加入500ml的水，蓋上鍋蓋以大火蒸8分鐘。

2 從平底鍋取出紙包，加入燒肉醬攪拌，確實冷卻。

青椒肉絲 «

材料 (2人份)

綜合牛肉片……100g
太白粉……1小匙
青椒（切絲）……2顆（70g）
竹筍（水煮即食包、切絲）……50g
A 蠔油……2大匙
A 砂糖……1/2大匙

做法

1 牛肉鋪在烘焙紙上，裹上太白粉，放入青椒、筍絲，加入A包好。紙包放入平底鍋，加入500ml的水，蓋上鍋蓋以大火蒸8分鐘。

2 從平底鍋取出紙包，攪拌均勻，確實冷卻。

清蒸西洋芹牛肉 «

材料 (2人份)

綜合牛肉片……150g
太白粉……1/2小匙
西洋芹……1根（90g）
鹽、粗粒黑胡椒……各適量

做法

1 西洋芹去纖維，莖部切5mm寬的斜片，葉子切片狀。

2 牛肉鋪在烘焙紙上，裹上太白粉，撒上鹽包好。紙包放入平底鍋，加入500ml的水，蓋上鍋蓋以大火蒸8分鐘。

3 從平底鍋取出紙包，撒上黑胡椒攪拌，確實冷卻。

牛肉番茄壽喜煮 〈〈

材料（2人份）

綜合牛肉片……100g
太白粉……1/2小匙
番茄（切2cm丁）……1/2顆（100g）
洋蔥（順著纖維切薄片）
……1/2顆（100g）
A 砂糖……1大匙
A 醬油……2大匙

做法

1 牛肉鋪在烘焙紙上，裹上太白粉，放入洋蔥、番茄，加入A包好。紙包放入平底鍋，加入500ml的水，蓋上鍋蓋以大火蒸8分鐘。

2 從平底鍋取出紙包，攪拌均勻，確實冷卻。

辣味烤肉串 ≈

材料 (2人份)

牛絞肉……100g
薑（磨泥）……1小塊（10g）
冷凍三色蔬菜……20g
麵包粉……10g
辣椒粉……適量
鹽、醬油……各少許

做法

1 所有材料放入碗裡仔細揉捏，分成6等分，整成長條形。

2 將1放在烘焙紙上包好。紙包放入平底鍋，加入500ml的水，蓋上鍋蓋以大火蒸8分鐘。

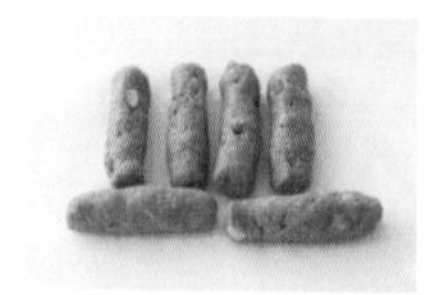

肉條4根擺直的，2根擺橫的比較好包，彼此保留一些間距以均勻受熱。

3 從平底鍋取出紙包，不打開，以餘溫燙肉，冷卻後插入竹籤。

起司味噌茄子 ≈

材料 (2人份)

牛絞肉……100g
茄子（切5mm厚半月形薄片）
……1條（100g）
A
- 味噌……1又1/2大匙
- 砂糖……1大匙
- 披薩調理用起司……30g

洋香菜（切末）……適量

做法

1 牛肉鋪在烘焙紙上，放入茄子，加入A包好。紙包放入平底鍋，加入500ml的水，蓋上鍋蓋以大火蒸8分鐘。

2 從平底鍋取出紙包，均勻攪拌，冷卻，撒上洋香菜。

塔可牛肉 ^^

材料 (2人份)

牛絞肉……200g
洋蔥（切末）……1/2顆（100g）
高湯粉……1/2大匙
番茄醬……3大匙
辣椒粉……適量（建議加多一點）
鹽、醬油……各少許

做法

1 牛肉鋪在烘焙紙上，將其餘材料全部加入後包好。紙包放入平底鍋，加入500ml的水，蓋上鍋蓋以大火蒸8分鐘。

2 從平底鍋取出紙包，均勻攪拌，冷卻。

肉燥油豆腐 ^^

材料 (2人份)

牛絞肉……80g
油豆腐（切1cm厚）……6塊
薑（切絲）……1小塊（10g）
太白粉……1小匙
A| 砂糖、醬油、白高湯……各1大匙
日本萬能蔥（切蔥花）……適量

做法

1 牛肉鋪在烘焙紙上，裹上太白粉。擺入油豆腐、薑絲，加入A包好。紙包放入平底鍋，加入500ml的水，蓋上鍋蓋以大火蒸8分鐘。

2 從平底鍋取出紙包，均勻攪拌，冷卻，撒上蔥花。

鯖魚

咖哩鯖魚 >>

材料 (2人份)

鯖魚（切2cm厚）……2塊（200g）

A
- 咖哩粉……1小匙
- 高湯粉……1/2小匙

做法

1 鯖魚放在烘焙紙上，彼此保留一些間隔，加入A包好。紙包放入平底鍋，加入500ml的水，蓋上鍋蓋以大火蒸8分鐘。

2 從平底鍋取出紙包，讓醬汁充分浸透魚肉，確實冷卻。

薑絲鯖魚 <<

材料 (2人份)

鯖魚（切2cm厚）……2塊（200g）

薑（切絲）……2小塊（20g）

A
- 砂糖……1/2大匙
- 醬油……2大匙
- 太白粉……1/2小匙

做法

1 鯖魚放在烘焙紙上，彼此保留一些間隔。將A拌勻後和薑絲一起加到魚肉上包好。紙包放入平底鍋，加入500ml的水，蓋上鍋蓋以大火蒸8分鐘。

2 從平底鍋取出紙包，以湯匙為魚肉均勻澆上燉汁，確實冷卻。

番茄燉鯖魚 »

材料 (2人份)

鯖魚（切2cm厚）……2塊（200g）
番茄（切2～3cm丁）……1/2顆（約100g）
青花菜（分成小朵）……2朵（50g）

A
番茄醬……1大匙
高湯粉、味醂、太白粉……各1小匙

做法

1 鯖魚放在烘焙紙上，彼此保留一些間隔。將A拌勻後淋到魚肉上，加入番茄、青花菜包好。紙包放入平底鍋，加入500ml的水，蓋上鍋蓋以大火蒸8分鐘。

2 從平底鍋取出紙包，讓醬汁充分浸透魚肉，確實冷卻。

壽喜鯖魚 «

材料 (2人份)

鯖魚（切2cm厚）……2塊（200g）
油豆腐（有的話，選擇免去油的種類，切2cm厚）……1/4塊
日本大蔥（切斜段）……1/4根（25g）
舞菇（剝開）……1/2包（50g）
薑（切片）……1小塊（10g）

A
砂糖、醬油……各2大匙
酒……1大匙
太白粉……1/2小匙

做法

1 日本大蔥鋪在烘焙紙上再放上鯖魚，魚塊彼此保留一些間隔。將油豆腐、舞菇、薑片放到鯖魚上，淋上拌勻的A包好。紙包放入平底鍋，加入500ml的水，蓋上鍋蓋以大火蒸8分鐘。

2 從平底鍋取出紙包，以湯匙為魚肉均勻澆上燉汁，確實冷卻。

青甘魚

青甘魚燉蘿蔔 «

材料 (2人份)

青甘魚(切1口大小)……2塊(200g)
白蘿蔔(切5mm厚扇形薄片)
……2～3cm(約50g)
薑(切絲)……1/2小塊(5g)

A 砂糖……1/2大匙
醬油……2大匙
太白粉……1/2小匙

做法

1 青甘魚放到烘焙紙中間，四邊擺上白蘿蔔(a)。將A拌勻後淋上去，放入薑絲包好。紙包放入平底鍋，加入500ml的水，蓋上鍋蓋以大火蒸8分鐘。

由於白蘿蔔不容易熟，擺的時候盡量不要重疊，圍著青甘魚包好。

2 從平底鍋取出紙包，以湯匙為魚肉均勻澆上燉汁，確實冷卻。

柚香青甘魚 «

材料 (2人份)

青甘魚……2塊(200g)
柚子(切圓形薄片)……1/2顆

A 砂糖……1大匙
醬油……1又1/2大匙
太白粉……1/2小匙

做法

1 青甘魚和柚子放到烘焙紙上，加入拌勻的A包好。紙包放入平底鍋，加入500ml的水，蓋上鍋蓋以大火蒸8分鐘。

2 從平底鍋取出紙包，以湯匙為魚肉均勻澆上燉汁，確實冷卻。

醬煮青甘魚 >>

材料 (2人份)

青甘魚……2塊（200g）
A 砂糖……1/2大匙
A 醬油……1又1/2大匙
A 太白粉……1/2小匙

做法

1 青甘魚放到烘焙紙上，加入拌勻的A包好。紙包放入平底鍋，加入500ml的水，蓋上鍋蓋以大火蒸8分鐘。
2 從平底鍋取出紙包，以湯匙為魚肉均勻澆上燉汁，確實冷卻。

梅子青甘魚 >>

材料 (2人份)

青甘魚（切1口大小）……2塊（200g）
日式梅乾（去籽後撕開）……1大顆
A 砂糖……1/2大匙
A 醬油……1又1/2大匙
A 太白粉……1/2小匙
紫蘇（切絲）……適量

做法

1 青甘魚、梅乾放到烘焙紙上，加入拌勻的A包好。紙包放入平底鍋，加入500ml的水，蓋上鍋蓋以大火蒸8分鐘。

2 從平底鍋取出紙包，以湯匙為魚肉均勻澆上燉汁，確實冷卻後擺上紫蘇。

鮭魚
南蠻鮭魚
鹽檸檬鮭魚
味噌奶油鮭魚馬鈴薯
鮭魚菠菜筆管麵

南蠻鮭魚 «

材料 (2人份)

非鹽漬新鮮鮭魚（對半切）……2塊（200g）
洋蔥（順著纖維切薄片）……1/4顆（50g）
甜椒（縱切切絲）……紅、黃各1/4顆（75g）

A
- 砂糖、醋……各2大匙
- 醬油……1/2大匙
- 鹽……1撮

做法

1 洋蔥、甜椒放到烘焙紙上再放上鮭魚包好。紙包放入平底鍋，加入500ml的水，蓋上鍋蓋以大火蒸8分鐘。

2 從平底鍋取出紙包，將A拌勻後淋在鮭魚上，冷卻。

鹽檸檬鮭魚 «

材料 (2人份)

非鹽漬新鮮鮭魚……2塊（200g）
檸檬（切薄片）……1/2顆
鹽……少許

做法

1 鮭魚撒一點鹽，擺上檸檬，用烘焙紙包好。紙包放入平底鍋，加入500ml的水，蓋上鍋蓋以大火蒸8分鐘。

2 從平底鍋取出紙包，冷卻。

味噌奶油鮭魚馬鈴薯 «

材料 (2人份)

非鹽漬新鮮鮭魚（切1口大小）……2塊（200g）
馬鈴薯（切5mm厚半月形薄片）……1顆（150g）

A
- 味噌……2大匙
- 奶油……10g

做法

1 按照馬鈴薯→鮭魚的順序將食材擺在烘焙紙上，加入A包好。紙包放入平底鍋，加入500ml的水，蓋上鍋蓋以大火蒸8分鐘。

2 從平底鍋取出紙包，馬鈴薯和鮭魚翻面，確實冷卻。

鮭魚菠菜筆管麵 «

材料 (2人份)

非鹽漬新鮮鮭魚……2塊（200g）
菠菜（切4cm長）……2株（50g）
筆管麵……100g

A
- 水……200ml
- 奶油……20g
- 橄欖油……1/2大匙
- 鹽……1/4小匙

做法

1 按照筆管麵→鮭魚→菠菜的順序將食材擺在烘焙紙上包好，上部打開，加入A(a)(b)。紙包放入平底鍋，加入500ml的水，蓋上鍋蓋以大火蒸8分鐘。

2 從平底鍋取出紙包，邊攪拌邊弄碎鮭魚，確實冷卻。

a

b

清蒸鱈魚

材料（2人份）

鱈魚（兩面各撒一點鹽）……2塊（200g）
高麗菜（切2cm菜丁）……80g
橄欖油……3大匙
鹽、黑胡椒……各少許

做法

1 按照高麗菜→鱈魚的順序將食材擺在烘焙紙上，加入橄欖油包好。紙包放入平底鍋，加入500ml的水，蓋上鍋蓋以大火蒸8分鐘。

2 從平底鍋取出紙包，不打開，放置冷卻，最後撒上黑胡椒。

韓式辣椒醬鱈魚

材料（2人份）

鱈魚（切3等份）……2塊（200g）
日本大蔥（切斜段）……1/4根（25g）
鴻喜菇（去根部，剝開）
……1/2包（50g）
A 韓式辣椒醬……2大匙
A 酒、醬油……各1/2大匙
辣椒絲（有的話再加）……適量

做法

1 按照日本大蔥→鱈魚→鴻喜菇的順序將食材擺在烘焙紙上，加入A包好。紙包放入平底鍋，加入500ml的水，蓋上鍋蓋以大火蒸8分鐘。

2 從平底鍋取出紙包，攪拌冷卻。隨個人喜好添加辣椒絲。

起司味噌土魠魚 ◇

材料 (2人份)

土魠魚……2塊（180g）
味噌……2小匙
披薩調理用起司……20g

做法

1 土魠魚兩面抹上味噌放到烘焙紙上，加入起司包好。紙包放入平底鍋，加入500ml的水，蓋上鍋蓋以大火蒸8分鐘。

2 從平底鍋取出紙包，不打開，放置冷卻。

芝麻醋漬土魠魚 ◇

材料 (2人份)

土魠魚（兩面各撒一點鹽）
……2塊（180g）
鹽……少許

A
砂糖……2大匙
醬油……1大匙
白芝麻……適量
醋……1大匙

做法

1 烘焙紙包好土魠魚，放入平底鍋，加入500ml的水，蓋上鍋蓋以大火蒸8分鐘。

2 從平底鍋取出紙包，將A拌勻後淋在魚肉上，冷卻。

蝦球 ⌃

材料（2人份）

蝦仁（去腸泥）……100g
鱈寶……1/2片（約50g）
冷凍三色蔬菜……2大匙

做法

1 蝦仁以菜刀拍打至有黏性，和鱈寶、三色蔬菜一起放入碗中，仔細揉捏，分成8等份的肉丸。

2 將1放在烘焙紙上包好。紙包放入平底鍋，加入500ml的水，蓋上鍋蓋以大火蒸8分鐘。

3 從平底鍋取出紙包，確實冷卻。

粉紅醬蝦仁舞菇 >>

材料 (2人份)

蝦仁（去腸泥）……120g
舞菇（剝開）……1/2包（50g）
A| 番茄醬、美乃滋……各1大匙
洋香菜（切末）……適量

做法

1 烘焙紙包好蝦仁、舞菇，放入平底鍋，加入500ml的水，蓋上鍋蓋以大火蒸8分鐘。

2 從平底鍋取出紙包，將A拌勻，和紙包內的食材拌在一起，確實冷卻，撒上洋香菜。

清蒸鮮蝦時蔬 >>

材料 (2人份)

蝦仁（去腸泥）……120g
太白粉……1/2小匙
A| 青花菜（分成小朵）……4朵（100g）
鴻喜菇（去根部，剝開）……1/2包（50g）
雞湯粉……1小匙

做法

1 蝦仁裹上太白粉，和A一起放在烘焙紙上包好。紙包放入平底鍋，加入500ml的水，蓋上鍋蓋以大火蒸8分鐘。

2 從平底鍋取出紙包，攪拌後確實冷卻。

辣味蝦 >>

材料 (2人份)

蝦子……10隻
太白粉……1/2小匙
薑（切末）
……1小塊（10g）
日本大蔥（切末）
……1/4根（25g）
A| 雞湯粉……1小匙
番茄醬……2大匙

做法

1 蝦子剝殼，保留蝦尾，菜刀劃入蝦背取出腸泥。蝦子裹上太白粉，和薑末、日本大蔥放在烘焙紙上，加入A包好。紙包放入平底鍋，加入500ml的水，蓋上鍋蓋以大火蒸8分鐘。

2 從平底鍋取出紙包，攪拌後確實冷卻。

花枝

奶油醬油甜豆花枝腳

材料（2人份）

花枝腳（切方便入口的大小）……100g
甜豆（去頭去絲後切半）……6條
奶油……10g
醬油……1/2小匙

做法

1 烘焙紙包好花枝腳、甜豆、奶油，放入平底鍋，加入500ml的水，蓋上鍋蓋以大火蒸8分鐘。

2 從平底鍋取出紙包，加入醬油攪拌，確實冷卻。

清蒸薑絲花枝

材料（2人份）

冷凍花枝（切圈）……80g
日本大蔥（切斜段）……1/2根（50g）
薑（切絲）……1小塊（10g）
雞湯粉……1小匙

做法

1 花枝沖水解凍，和日本大蔥、薑絲一起放在烘焙紙上，加入雞湯粉包好。紙包放入平底鍋，加入500ml的水，蓋上鍋蓋以大火蒸8分鐘。

2 從平底鍋取出紙包，攪拌後確實冷卻。

蠔油蒸花枝青江菜 ≫

材料 (2人份)

冷凍花枝(切圈)……80g
青江菜……1株(100g)
太白粉……1/2小匙
蠔油……1又1/2大匙
麻油……1/2小匙

做法

1 花枝沖水解凍，青江菜葉切3cm寬，菜梗縱切1cm寬。

2 花枝放在烘焙紙上，裹上太白粉，加入蠔油。青江菜梗→葉依序擺在花枝上包好。紙包放入平底鍋，加入500ml的水，蓋上鍋蓋以大火蒸8分鐘。

3 從平底鍋取出紙包，加入麻油攪拌，確實冷卻。

花枝芋頭煮 ≫

材料 (2人份)

冷凍花枝(切圈)……80g
小芋頭(水煮即食包)……4～5顆
A 白高湯……1大匙
A 醬油……1又1/2大匙
A 砂糖……1大匙

做法

1 花枝沖水解凍，比較大的小芋頭對半切。

2 花枝、小芋頭放在烘焙紙上，加入A包好。紙包放入平底鍋，加入500ml的水，蓋上鍋蓋以大火蒸8分鐘。

3 從平底鍋取出紙包，攪拌後確實冷卻。

照做就好的 美味便當

便當實例 ①

濃厚雞肉×清爽小黃瓜
享受雙重口感！

甜鹹醬黑胡椒雞便當 >>

以重口味的雞肉製作豪邁風便當。
利用平底鍋蒸主菜和蛋的空檔製作小菜──醋漬薑絲小黃瓜，
效率十足。
白飯鋪滿整個便當後，
放上配菜便大功告成！

在主菜是魚的便當加入
肉類配菜，增添飽足感！

番茄燉鯖魚便當 <<

番茄燉鯖魚無論在營養均衡還是配色上都無懈可擊。
由於主菜很清爽，配菜就搭重口味的雞鬆蒸蛋。
蒸過後的小松菜色澤鮮豔，口感清脆。
長形便當盒橫放，分成三個區塊比較容易裝菜。

要搭配出色、香、味俱全又兼顧口感的菜色真的很不容易。
因此，這個專欄為大家準備了幾種美味的組合範例，只要照著裝就好。
參照1～4章的食譜同時料理，便當兩三下便大功告成！

p.90～91、p.110～111
也有介紹
搭配組合範例。

蒸西洋芹氣味溫和接受度高！
軟綿綿的蒸蛋令人放鬆

清蒸
西洋芹牛肉便當 »

雖然主菜只以鹽巴、黑胡椒調味，
但加上西洋芹的香氣便風味十足。
主菜風格強烈的日子，
配菜選擇令人安心的味道，
保持平衡。
紅蘿蔔絲散發濃郁鮪魚鹹味，
為整體溫和的味道做點綴。

只要1道塔可牛肉就完工！
提不起精神的早上也能做的超簡單便當

塔可飯便當 «

真的沒有時間時，就用1道菜色的
丼飯式便當應對！
平常避開的美生菜
在這款便當裡也解禁了（笑）。
可以的話，
請同時使用保冷劑和保冷袋。
生菜放入塑膠杯，
吃之前再加進便當裡。

chapter 3

\ 蛋、維也納香腸、培根等 /

豐富配菜
依食材分類

琳瑯滿目的便當標準菜色——
運用維也納香腸、培根、豆腐製作的料理。
本章依食材分門別類，一一展示能充分攝取蛋白質的配菜。
請一定要學會比煎蛋捲更簡單美味的「蒸蛋」！

蒸蛋

7種蒸蛋變化

由於蒸蛋不需要將蛋液煎得薄薄的再捲起來，
很適合「喜歡煎蛋捲卻覺得很難做」的人！
看著蒸蛋軟綿綿膨起來的樣子也是一種樂趣。

基本蒸蛋

材料（2人份）

蛋……2顆
水……1大匙
鹽……1撮

做法

1 烘焙紙兩端扭緊、塑型。

2 以食指和中指將1撐開成長方形，壓平底部。

3 將蛋打入碗裡拌勻，加入所有材料，倒入2的紙型中。

4 紙包放入平底鍋，加入500ml的水，蓋上鍋蓋以大火蒸8分鐘。從平底鍋取出紙包，置於乾淨的抹布上。

5 紙包連同抹布從靠近身體這一側往外捲，調整成煎蛋捲的形狀。餘熱散去後，切成方便入口的大小，確實冷卻。

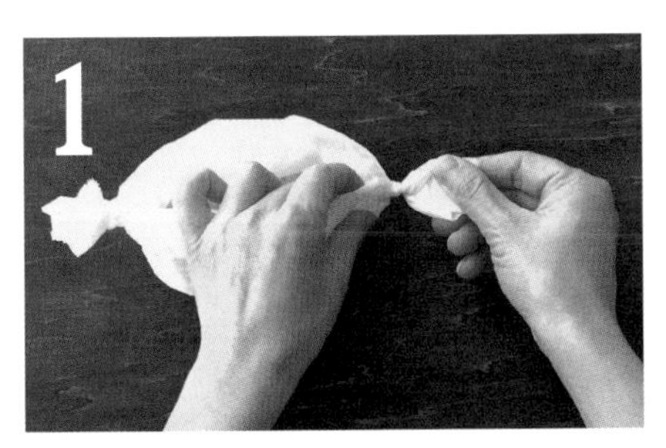

拉開30cm×30cm的烘焙紙，扭緊兩端。

以食指和中指撐開成長方形，壓平底部，做出高6cm～7cm的大紙盒。

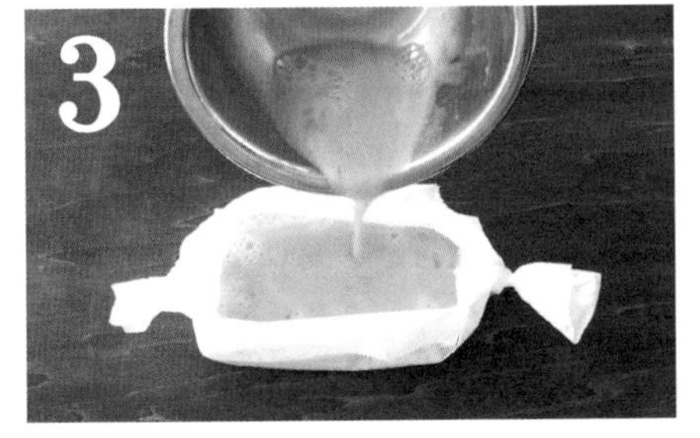

將蛋打入碗裡拌勻，加入所有材料，倒入2的紙型中。紙包上方不要蓋起來，稍微打開。

3放入平底鍋，加入500ml的水，蓋上鍋蓋以大火蒸8分鐘。蒸好後，從平底鍋取出紙包，置於乾淨的抹布上。

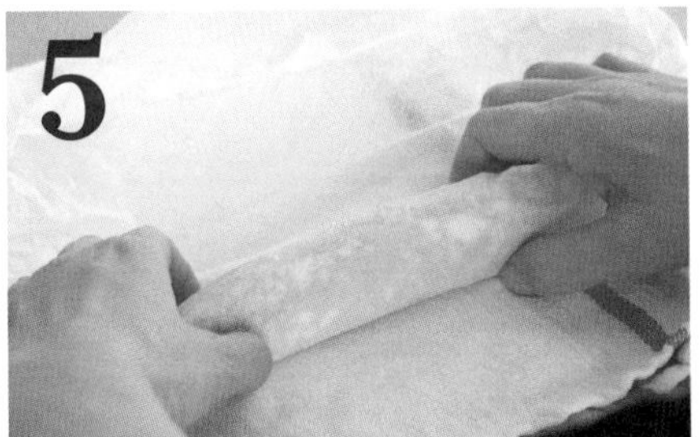
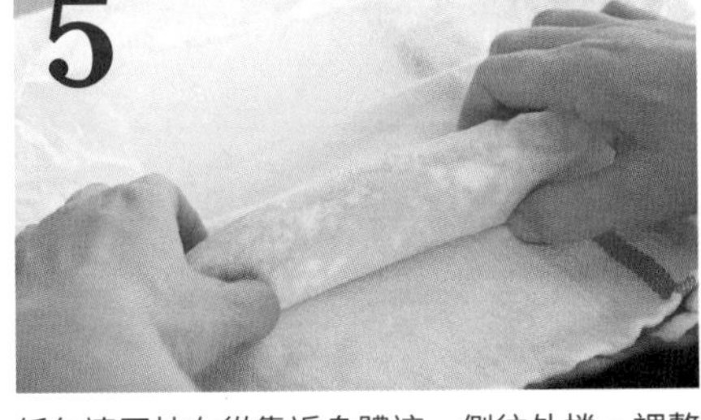

紙包連同抹布從靠近身體這一側往外捲，調整成煎蛋捲的形狀。只要蒸蛋還是熱的，也可以根據喜好捏成橢圓形或長方形。

三色蔬菜蒸蛋 »

材料 (2人份)

蛋⋯⋯2顆
冷凍三色蔬菜
⋯⋯2大匙
奶油⋯⋯10g
水⋯⋯1大匙
鹽、胡椒⋯⋯各少許

做法

1 將蛋打入碗裡，加入所有材料攪拌。

2 按基本蒸蛋的做法和順序製作。

雞鬆蒸蛋 «

材料 （2人份）

蛋……2顆
雞鬆……20g（參照p.22三色便當）
水……1大匙
鹽……1撮

做法

1 將蛋打入碗裡，加入所有材料攪拌。
2 按基本蒸蛋的做法和順序製作。

鮪魚起司蒸蛋 «

材料 （2人份）

蛋……2顆
鮪魚……1大匙
披薩調理用起司……20g
水……1大匙

做法

1 將蛋打入碗裡，加入所有材料攪拌。
2 按基本蒸蛋的做法和順序製作。

明太子蒸蛋 «

材料 （2人份）

蛋……2顆
明太子（去膜）……30g
水……1大匙

做法

1 將蛋打入碗裡，加入所有材料攪拌。
2 按基本蒸蛋的做法和順序製作。

羊栖菜蒸蛋 >>

材料 (2人份)

蛋……2顆
羊栖菜（已泡過水）……1大匙
水……1大匙
鹽……1撮

做法

1 將蛋打入碗裡，加入所有材料攪拌。
2 按基本蒸蛋的做法和順序製作。

紅薑蒸蛋 >>

材料 (2人份)

蛋……2顆
紅薑（市售，切末）……1大匙
水……1大匙

做法

1 將蛋打入碗裡，加入所有材料攪拌。
2 按基本蒸蛋的做法和順序製作。

高麗菜蒸蛋 >>

材料 (2人份)

蛋……2顆
高麗菜（切絲）……30g
水……1大匙
鹽……1撮

做法

1 將蛋打入碗裡，加入所有材料攪拌。
2 按基本蒸蛋的做法和順序製作。

沖繩什錦 高麗菜豬肉

材料 (2人份)

木棉豆腐（用手剝碎）……1/2塊（150g）
綜合豬肉片……80g
高麗菜（切2～3cm的片狀）……50g
太白粉……1小匙
蛋（打成蛋液）……1顆
雞湯粉……2小匙
鹽、胡椒……各少許

做法

1 綜合豬肉片鋪在烘焙紙上，裹上太白粉。放入高麗菜、豆腐，加入蛋液、雞湯粉後包好。紙包放入平底鍋，加入500ml的水，蓋上鍋蓋以大火蒸8分鐘。
2 從平底鍋取出紙包，以鹽、胡椒調味，攪拌均勻。再次將紙包包起來以餘溫燙肉，放置冷卻。

肉豆腐

材料 (2人份)

木棉豆腐（切1口大小）……1/2塊（150g）
綜合牛肉片……100g
日本大蔥（切斜段）……1/2根（50g）
太白粉……1小匙
A 醬油……1又1/2大匙
A 砂糖……1大匙
A 味醂……1/2大匙

做法

1 綜合牛肉片鋪在烘焙紙上，裹上太白粉。放入日本大蔥、木棉豆腐，加入A後包好。紙包放入平底鍋，加入500ml的水，蓋上鍋蓋以大火蒸8分鐘。
2 從平底鍋取出紙包，攪拌均勻。再次將紙包包起來以餘溫燙肉，放置冷卻。

豆腐涼拌菜

材料 (2人份)

木棉豆腐（用手剝碎）……1/2塊（150g）
紅蘿蔔（以刨刀刨絲）……2cm（20g）
小松菜（切1cm長）……2～3株（30g）
香菇（去蒂切薄片）……1朵（10g）
A 砂糖、白芝麻粉、白高湯、味噌……各1大匙
A 醬油……1又1/2大匙

做法

1 用烘焙紙將豆腐、紅蘿蔔絲、小松菜、香菇包好，放入平底鍋，加入500ml的水，蓋上鍋蓋以大火蒸8分鐘。
2 從平底鍋取出紙包，倒掉紙包中的水分，加入A均勻攪拌，邊弄碎豆腐邊冷卻。

麻婆豆腐

材料 (2人份)

木棉豆腐（切2cm丁）……1/2塊（150g）
豬絞肉……80g
太白粉……1小匙
A 紅蘿蔔（切末）……1小塊（10g）
A 薑（切末）……1小塊（10g）
A 雞湯粉……1小匙
A 豆瓣醬……1/4小匙
A 砂糖、醬油、味噌……各1/2大匙
青蔥（切蔥花）、花椒（有的話再加）……各適量

做法

1 豬肉鋪在烘焙紙上，裹上太白粉，加入豆腐和A後包好。紙包放入平底鍋，加入500ml的水，蓋上鍋蓋以大火蒸8分鐘。
2 從平底鍋取出紙包，攪拌均勻，確實冷卻。隨個人喜好撒上蔥花或花椒。

大豆製品

豆皮蛋

材料 (2人份)

日式油豆腐皮……1張
蛋……2顆
A 白高湯……1大匙
A 砂糖、水……各1/2大匙

做法

1 油豆腐皮對半切，切口打開成口袋狀。將蛋分別打入豆腐皮口袋，以牙籤封住袋口。
2 1放在烘焙紙上，扭轉好兩端後加入A。紙包放入平底鍋，加入500ml的水，蓋上鍋蓋以大火蒸8分鐘。
3 從平底鍋取出紙包，確實冷卻。

羊栖菜燉黃豆

材料 (2人份)

黃豆（水煮）……50g
羊栖菜（已泡過水）……20g
砂糖……1/2大匙
醬油……1/2大匙

做法

1 所有材料放在烘焙紙上包好。紙包放入平底鍋，加入500ml的水，蓋上鍋蓋以大火蒸8分鐘。
2 從平底鍋取出紙包，攪拌均勻，確實冷卻。

魩仔魚黃豆 »

材料（2人份）

黃豆（水煮）……50g
魩仔魚……10g
砂糖、醬油……各1/2大匙

做法

1 所有材料放在烘焙紙上包好。紙包放入平底鍋，加入500ml的水，蓋上鍋蓋以大火蒸8分鐘。
2 從平底鍋取出紙包，攪拌均匀，確實冷卻。

墨西哥辣肉醬 »

材料（2人份）

黃豆（水煮）……50g
牛絞肉……50g
番茄（切1cm丁）……1/2顆（100g）
洋蔥（切末）……1/4顆（50g）
A 高湯粉……1小匙
A 番茄醬……2大匙
辣椒粉（或辣椒，有的話再加）……適量

做法

1 按照牛絞肉→黃豆→番茄→洋蔥的順序，將食材放到烘焙紙上，加入A包好(a)。紙包放入平底鍋，加入500ml的水，蓋上鍋蓋以大火蒸8分鐘。
2 從平底鍋取出紙包，均勻攪拌，撒上辣椒粉後確實冷卻。

a

培根

番茄培根捲 »

材料 (2人份)

培根（縱切切半）……2片
小番茄（去蒂）……4顆

做法

1 拿1片培根捲起1顆小番茄，做出4個相同的培根捲。
2 1放在烘焙紙上包好。紙包放入平底鍋，加入500ml的水，蓋上鍋蓋以大火蒸8分鐘。
3 從平底鍋取出紙包，確實冷卻。

舞菇培根捲 «

材料 (2人份)

培根（長度對半切）……2片
舞菇（剝開）……1包（100g）

做法

1 取1/4的舞菇，以1片培根捲起，做出4個相同的培根捲。
2 將1的培根捲接合處朝下放在烘焙紙上包好，放入平底鍋，加入500ml的水，蓋上鍋蓋以大火蒸8分鐘。
3 從平底鍋取出紙包，確實冷卻。

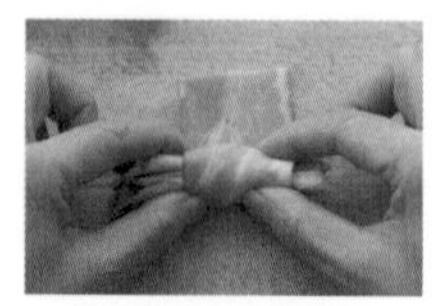

舞菇加熱後傘蓋會縮小，所以培根要捲得緊緊的。

涼拌培根青花菜佐芥末籽醬 »

材料 （2人份）

培根（切1cm寬）……2片
青花菜（分成小朵）……4朵（100g）
芥末籽醬……1小匙

做法

1 烘焙紙包好青花菜、培根，放入平底鍋，加入500ml的水，蓋上鍋蓋以大火蒸8分鐘。
2 從平底鍋取出紙包，拌入芥末籽醬，冷卻。

鹽味培根金平蓮藕 «

材料 （2人份）

培根（切1cm寬）……2片
蓮藕（去皮，切5mm寬扇形薄片）……80g
鹽、黑胡椒……各少許

做法

1 培根、蓮藕放在烘焙紙上，撒上鹽包好。紙包放入平底鍋，加入500ml的水，蓋上鍋蓋以大火蒸8分鐘。
2 從平底鍋取出紙包，加入黑胡椒攪拌，確實冷卻。

維也納香腸

鵪鶉蛋 維也納香腸串 »

材料 (2人份)

維也納香腸（切4等分）……2根
鵪鶉蛋（水煮即食包）……4顆

做法

1 維也納香腸和鵪鶉蛋交錯串在竹籤上，以烘焙紙包好，放入平底鍋，加入500ml的水，蓋上鍋蓋以大火蒸8分鐘。
2 從平底鍋取出紙包，確實冷卻。

茄汁青椒 維也納香腸 «

材料 (2人份)

維也納香腸（切1cm厚斜片）……4根
青椒（切絲）……3顆（105g）
番茄醬……1大匙

做法

1 維也納香腸、青椒絲放在烘焙紙上包好，擺入平底鍋，加入500ml的水，蓋上鍋蓋以大火蒸8分鐘。
2 從平底鍋取出紙包，加入番茄醬攪拌，確實冷卻。

德式馬鈴薯 »

材料 (2人份)

維也納香腸（切1cm厚斜片）……2根
馬鈴薯（切5mm厚半月形薄片）
……1顆（150g）
橄欖油……1小匙
鹽、黑胡椒、洋香菜（切末）……各少許

做法

1 馬鈴薯、維也納香腸放在烘焙紙上，加入鹽、橄欖油包好。紙包放入平底鍋，加入500ml的水，蓋上鍋蓋以大火蒸8分鐘。
2 從平底鍋取出紙包，加入黑胡椒、洋香菜末攪拌，確實冷卻。

清蒸奶油香腸小松菜 «

材料 (2人份)

維也納香腸（切1cm厚斜片）……4根
小松菜（切4cm長）……2株（100g）
奶油……10g
鹽、胡椒……各少許

做法

1 維也納香腸、小松菜放在烘焙紙上，奶油擺在上面後包好。紙包放入平底鍋，加入500ml的水，蓋上鍋蓋以大火蒸8分鐘。
2 從平底鍋取出紙包，撒上鹽、胡椒後冷卻。

青海苔拌竹輪鴻喜菇 ≈

材料 (2人份)

竹輪（切5mm厚斜片）……2條（48g）
鴻喜菇（去根部，剝開）……1/2包（50g）
白高湯……1/2大匙
青海苔……適量

做法

1 竹輪、鴻喜菇放在烘焙紙上，加入白高湯包好。紙包放入平底鍋，加入500ml的水，蓋上鍋蓋以大火蒸8分鐘。
2 從平底鍋取出紙包，加上青海苔攪拌，確實冷卻。

日式金平竹輪青椒 ≈

材料 (2人份)

竹輪（切5mm厚斜片）……2條（48g）
青椒（切絲）1顆（35g）
A| 砂糖、醬油……各1大匙
七味辣椒粉、白芝麻……各適量

做法

1 竹輪、青椒放在烘焙紙上，加入A包好。紙包放入平底鍋，加入500ml的水，蓋上鍋蓋以大火蒸8分鐘。
2 從平底鍋取出紙包，加上七味辣椒粉攪拌，撒上白芝麻後確實冷卻。

蒟蒻土佐煮

材料（2人份）

蒟蒻（免去腥味蒟蒻）……1/2片（150g）
A | 砂糖……1大匙
A | 醬油……1又1/2大匙
柴魚片……1包（2g）

做法

1 蒟蒻做成麻花蒟蒻(a)。
2 1和A放在烘焙紙上包好。紙包放入平底鍋，加入500ml的水，蓋上鍋蓋以大火蒸8分鐘。
3 從平底鍋取出紙包，加上柴魚片攪拌，確實冷卻。

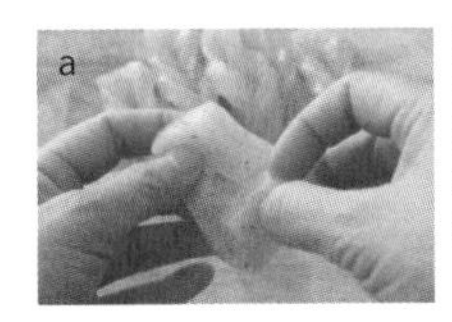
a 蒟蒻切8mm寬，中心劃一刀，頭尾不切斷。將蒟蒻一端穿入劃開的洞拉出來。

簡易土手煮

材料（2人份）

蒟蒻（免去腥味蒟蒻）……1/2片（150g）
綜合牛肉片……80g
薑（切絲）……1小塊（10g）
A | 砂糖、味噌、味醂……各1大匙

做法

1 砂糖、味噌、味醂……各1大匙
2 按照牛肉→1→A→薑絲的順序，將食材放在烘焙紙上包好(a)。紙包放入平底鍋，加入500ml的水，蓋上鍋蓋以大火蒸8分鐘。
3 從平底鍋取出紙包，攪拌均勻。再次將紙包包起來以餘溫燙肉，放置冷卻。

a

鮪魚罐頭
鯖魚罐頭

沖繩紅蘿蔔絲 »

材料 (2人份)

紅蘿蔔（以刨刀刨絲）……1/4根（50g）
鮪魚罐頭（連油一起用）……1罐（70g）
砂糖、醬油……各1小匙

做法

1 所有材料放在烘焙紙上包好。紙包放入平底鍋，加入500ml的水，蓋上鍋蓋以大火蒸8分鐘。
2 從平底鍋取出紙包，攪拌均勻，確實冷卻。

鮪魚茄子筆管麵 «

材料 (2人份)

筆管麵……100g
A
- 水……200ml
- 茄子（切5mm厚半月形薄片）……1條（100g）
- 鮪魚罐頭（連油一起用）……1罐（70g）
- 橄欖油……1小匙
- 鹽……適量

洋香菜（切末）……適量

做法

1 筆管麵放入事先扭轉好兩端的烘焙紙型中（a），加入所有的A包好。紙包放入平底鍋，加入500ml的水，蓋上鍋蓋以大火蒸8分鐘。

2 從平底鍋取出紙包，均勻攪拌，冷卻，撒上洋香菜。

鯖魚時雨煮 »

材料 (2人份)

水煮鯖魚罐頭（瀝掉湯汁）……1/2罐（95g）
牛蒡（即食水煮牛蒡絲）……1/2包（50g）
A 薑（切絲）……1小塊（10g）
砂糖、醬油……各1大匙

做法

1 鯖魚、牛蒡絲放在烘焙紙上，加入A包好。紙包放入平底鍋，加入500ml的水，蓋上鍋蓋以大火蒸8分鐘。
2 從平底鍋取出紙包，攪拌均勻，確實冷卻。

鯖魚番茄咖哩 «

材料 (2人份)

鯖魚水煮罐頭……1罐（90g）
番茄（切2cm丁）……1顆（200g）
A 薑（磨泥）……1/2小塊（5g）
番茄醬……1大匙
高湯粉、咖哩粉……各1小匙
太白粉……1小匙

做法

1 番茄、鯖魚水煮罐頭連汁一起放到烘焙紙上，加入A包好。紙包放入平底鍋，加入500ml的水，蓋上鍋蓋以大火蒸8分鐘。
2 從平底鍋取出紙包，攪拌均勻。如果要放保鮮盒就先冷卻，若是要放保溫罐則趁熱盛裝。

照做就好的 美味便當

便當實例
②

冬粉不需泡水，簡單輕鬆。
食材豐富，營養均衡！

韓式雜菜冬粉便當 >>

簡易版韓式雜菜冬粉。
冬粉不需太多燙煮時間，
不泡水，直接以乾麵條的形式
和其他食材一起烹調。
番茄培根捲蒸好後
培根兩端會自己接合，
省下固定肉捲的功夫。
羊栖菜富含礦物質，不只可以拿來燉，
也很推薦做成蒸蛋或沙拉。

便當主菜是褐色的日子，
就用三色蔬菜解決配色問題

青甘魚燉蘿蔔便當 <<

冷凍三色蔬菜有綠豌豆仁、
紅蘿蔔和黃玉米，一次集結
想放進便當裡的勾人食欲色彩，
十分好用。我家的冰箱會固定庫存，
煮褐色配菜時經常使用。
在蒸煮的8分鐘裡
先捏好飯糰是節省時間的祕訣。

參照1～4章的食譜，
做出色香味俱全的便當吧！

調味和塑型都交給鱈寶！
美味的Q彈口感

蝦球便當 »

蝦球看似困難，其實很簡單。
只要將不用另外處理的蝦仁、
鱈寶、三色蔬菜拌在一起即可。
魩仔魚青椒使用市售白高湯，
由於味道穩定，
希望不敢吃日式料理的人
也能試試這種調味料。

濃郁的雞肉與芝麻美乃滋和麵包超搭
吃之前再夾料

芝麻美乃滋涼拌雞胸肉佐清蒸時蔬便當 «

芝麻美乃滋涼拌雞胸肉
很推薦拿來夾麵包做成三明治。
配菜方面，將那些剩下不多的蔬菜
一起蒸一蒸，配一道清蒸時蔬。
這麼做既能整理冰箱，配色又好看，
一招就解決青菜不足的問題。
最重要的是，
這是道絕對不會失敗的料理。

＼告別只有咖啡色的便當！／

蔬菜配菜
依顏色分類

為了順利做出色彩豐富的便當，本章將蔬菜依顏色分門別類。
只要從綠色、紅色、黃色、白色、褐色、紫色這些五彩繽紛、
看了就很美味的副菜中選擇自己缺少的顏色，令人食指大動的便當就完成了！

小松菜

燉漬櫻花蝦小松菜 <<

材料 (2人份)

小松菜（切3cm長）……2株（100g）
乾燥櫻花蝦……2大匙
A 鹽……1撮
A 麻油……1小匙

做法

1 小松菜、櫻花蝦放在烘焙紙上包好，擺入平底鍋，加入500ml的水，蓋上鍋蓋以大火蒸8分鐘。

2 從平底鍋取出紙包，加入A攪拌，冷卻。

高湯培根小松菜 >>

材料 (2人份)

小松菜（切3cm長）……2株（100g）
培根（切1cm寬）……1片
高湯粉……1/2小匙

做法

1 烘焙紙包好所有食材放入平底鍋，加入500ml的水，蓋上鍋蓋以大火蒸8分鐘。

2 從平底鍋取出紙包，打開紙包攪拌，確實冷卻。

芥末美乃滋拌鮪魚小松菜 <<

材料 (2人份)

小松菜（切3cm長）……2株（100g）
A 鮪魚罐頭（連油一起用）……2大匙
A 美乃滋……2小匙
A 芥末醬……1/2小匙

做法

1 烘焙紙包好小松菜放入平底鍋，加入500ml的水，蓋上鍋蓋以大火蒸8分鐘。

2 從平底鍋取出紙包，加入A拌勻。

青花菜

甜味噌拌青花菜 <<

材料 (2人份)

青花菜（分成小朵）……4朵（100g）

A | 味噌……2小匙
  | 砂糖……1小匙

做法

1 烘焙紙包好青花菜放入平底鍋，加入500ml的水，蓋上鍋蓋以大火蒸8分鐘。

2 從平底鍋取出紙包打開。將A拌勻，和紙包內的食材拌在一起，冷卻。

韓式涼拌青花菜 >>

材料 (2人份)

青花菜（分成小朵）……4朵（100g）

青花菜（分成小朵）……4朵（100g）

A | 白芝麻粉……1小匙
  | 麻油……1小匙

做法

1 烘焙紙包好青花菜、雞湯粉，放入平底鍋，加入500ml的水，蓋上鍋蓋以大火蒸8分鐘。

2 從平底鍋取出紙包打開，加入A拌勻，冷卻。

薑醬油拌青花菜 <<

材料 (2人份)

青花菜（分成小朵）……4朵（100g）

A | 薑（磨泥……）1/2小匙
  | 醬油……1小匙

做法

1 烘焙紙包好青花菜放入平底鍋，加入500ml的水，蓋上鍋蓋以大火蒸8分鐘。

2 從平底鍋取出紙包打開。將A拌勻，和紙包內的食材拌在一起，冷卻。

青椒

蒜香辣味青椒 《

材料 (2人份)

青椒(縱切8等分)
……3顆(105g)

A
- 大蒜(切末)
……1/2小塊(5g)
- 辣椒(切片)……少許
- 橄欖油……少許

鹽、胡椒……各少許

做法

1 青椒放在烘焙紙上加入A包好。紙包放入平底鍋,加入500ml的水,蓋上鍋蓋以大火蒸8分鐘。

2 從平底鍋取出紙包,撒上鹽、胡椒後冷卻。

涼拌鹽昆布青椒 》

材料 (2人份)

青椒(橫切,切絲)
……3顆(105g)

A
- 鹽昆布(市售)
……10g
- 麻油……1小匙

白芝麻……少許

做法

1 烘焙紙包好青椒放入平底鍋,加入500ml的水,蓋上鍋蓋以大火蒸8分鐘。

2 從平底鍋取出紙包,加入A攪拌,冷卻,撒上白芝麻。

甜鹹醬青椒金針菇 《

材料 (2人份)

青椒(縱切,切絲)
……2顆(70g)
金針菇……1/2包(50g)
白高湯、砂糖
……各1大匙
醬油……1/2大匙

做法

1 將金針菇根部算起3cm的部分切除後,長度對半切。

2 烘焙紙包好所有食材放入平底鍋,加入500ml的水,蓋上鍋蓋以大火蒸8分鐘。

3 從平底鍋取出紙包,攪拌冷卻。

高麗菜

清蒸高麗菜沙拉

材料（2人份）

高麗菜（切絲）
……1/8小顆（100g）
紅蘿蔔（以刨刀刨絲）
……2cm（20g）
火腿（切絲）……3片
A｜罐裝玉米粒……2大匙
　｜美乃滋……1大匙
　｜鹽、胡椒……各少許

做法

1 烘焙紙包好高麗菜、紅蘿蔔、火腿，放入平底鍋，加入500ml的水，蓋上鍋蓋以大火蒸8分鐘。

2 從平底鍋取出紙包，加入A攪拌，冷卻。

燉漬魩仔魚高麗菜

材料（2人份）

高麗菜（切細絲）……1/8小顆（100g）
魩仔魚……20g
白高湯……1大匙

做法

1 高麗菜、魩仔魚放在烘焙紙上，加入白高湯包好。紙包放入平底鍋，加入500ml的水，蓋上鍋蓋以大火蒸8分鐘。

2 從平底鍋取出紙包，攪拌冷卻。

涼拌梅子柴魚高麗菜

材料（2人份）

高麗菜（切絲）……1/8小顆（100g）
A｜日式梅乾（去籽後切小塊）……2顆
　｜柴魚片……1包（2g）

做法

1 烘焙紙包好高麗菜放入平底鍋，
加入500ml的水，蓋上鍋蓋以大火蒸8分鐘。

2 從平底鍋取出紙包，餘熱散去後加入A攪拌。

其他綠色蔬菜

燉漬蘆筍 «

材料 (2人份)

蘆筍（切3cm長斜段）……4根（80g）
白高湯……1小匙

做法

1 蘆筍放在烘焙紙上加入白高湯包好。紙包放入平底鍋，加入500ml的水，蓋上鍋蓋以大火蒸8分鐘。

2 從平底鍋取出紙包，打開紙包冷卻。

韓式涼拌秋葵 »

材料 (2人份)

秋葵（切3cm長斜片）……6根（60g）
雞湯粉……1/2小匙
A 白芝麻粉……2小匙
A 麻油……1小匙

做法

1 秋葵放在烘焙紙上加入雞湯粉包好。紙包放入平底鍋，加入500ml的水，蓋上鍋蓋以大火蒸8分鐘。

2 從平底鍋取出紙包，加入A攪拌，冷卻。

蜜漬甜豆 «

材料 (2人份)

甜豆……10根（100g）
奶油……5g
砂糖……1小匙

做法

1 烘焙紙包好所有食材放入平底鍋，加入500ml的水，蓋上鍋蓋以大火蒸8分鐘。

2 從平底鍋取出紙包，攪拌冷卻。

清蒸苦瓜蟹肉棒 ≪

材料（2人份）

苦瓜……1/2條（100g）
蟹肉棒（剝細）……4條
雞湯粉、麻油……各1/2小匙

a

做法

1 苦瓜對半縱切，以湯匙去除籽和內囊，切薄片(a)。

2 1和蟹肉棒放在烘焙紙上，加入雞湯粉包好。紙包放入平底鍋，加入500ml的水，蓋上鍋蓋以大火蒸8分鐘。

3 從平底鍋取出紙包，加入麻油攪拌，冷卻。

涼拌柴魚西洋芹 ≫

材料（2人份）

西洋芹……1根（90g）
A 醬油……1小匙
A 柴魚片……1包（2g）

做法

1 西洋芹莖部切5mm寬斜段，葉子切3cm長的片狀。

2 按照莖→葉的順序將1放在烘焙紙上包好。紙包放入平底鍋，加入500ml的水，蓋上鍋蓋以大火蒸8分鐘。

3 從平底鍋取出紙包，加入A攪拌，冷卻。

涼拌鮪魚豆苗 ≪

材料（2人份）

豆苗（長度切三等分）……1/2包（50g）
鮪魚罐頭（連油一起用）……1罐（70g）
鹽……1撮

做法

1 豆苗、鮪魚放在烘焙紙上包好。紙包放入平底鍋，加入500ml的水，蓋上鍋蓋以大火蒸8分鐘。

2 從平底鍋取出紙包，加入鹽攪拌，冷卻。

紅蘿蔔

紅蘿蔔牛蒡沙拉

材料（2人份）

紅蘿蔔（以刨刀刨絲）……1/4根（60g）

牛蒡（即食水煮牛蒡絲）……50g

A
- 美乃滋……1大匙
- 鹽……少許

做法

1 烘焙紙包好紅蘿蔔、牛蒡，放入平底鍋，加入500ml的水，蓋上鍋蓋以大火蒸8分鐘。

2 從平底鍋取出紙包，加入A攪拌，冷卻。

明太子紅蘿蔔絲

材料（2人份）

紅蘿蔔（以刨刀刨絲）……1/4根（60g）

明太子（去膜）……50g

A 砂糖、醬油……各1大匙

做法

1 紅蘿蔔、明太子放在烘焙紙上，加入A包好。紙包放入平底鍋，加入500ml的水，蓋上鍋蓋以大火蒸8分鐘。

2 從平底鍋取出紙包，均勻攪拌，冷卻。

涼拌芝麻紅蘿蔔四季豆

材料（2人份）

紅蘿蔔（以刨刀刨絲）……1/4根（60g）

四季豆（斜切）……8～10根

A
- 白芝麻粉……1大匙
- 白高湯、醬油……各1/2大匙

做法

1 烘焙紙包好紅蘿蔔、四季豆，放入平底鍋，加入500ml的水，蓋上鍋蓋以大火蒸8分鐘。

2 從平底鍋取出紙包，加入A攪拌，冷卻。

甜椒

波隆納肉醬甜椒 <<

材料 (2人份)

紅色甜椒（滾刀切小塊）……1/2顆（75g）
牛豬混合絞肉……50g
太白粉……1/2小匙
A 高湯粉……1/2小匙
A 番茄醬……1大匙
洋香菜（切末）……適量

做法

1 牛豬混合絞肉鋪在烘焙紙上，裹上太白粉。擺上甜椒，加入A包好。紙包放入平底鍋，加入500ml的水，蓋上鍋蓋以大火蒸8分鐘。

2 從平底鍋取出紙包，均勻攪拌，冷卻，撒上洋香菜。

涼拌芝麻薑絲甜椒 >>

材料 (2人份)

紅色甜椒（橫切，切絲）……1顆（150g）
薑（切絲）……1小塊（10g）
A 白高湯……1大匙
A 砂糖、醬油……各1/2大匙
白芝麻粉……1大匙

做法

1 甜椒、薑絲放在烘焙紙上，加入A包好。紙包放入平底鍋，加入500ml的水，蓋上鍋蓋以大火蒸8分鐘。

2 從平底鍋取出紙包，撒上白芝麻粉攪拌，冷卻。

燉漬甜椒金針菇 <<

材料 (2人份)

紅色甜椒（縱切，切絲）……1顆（150g）
金針菇……1包（100g）
A 白高湯……1大匙
A 醬油……1/2大匙

做法

1 將金針菇根部算起3cm的部分切除後，長度對半切。

2 1和甜椒放在烘焙紙上，加入A包好。紙包放入平底鍋，加入500ml的水，蓋上鍋蓋以大火蒸8分鐘。

3 從平底鍋取出紙包，攪拌冷卻。

地瓜

茶巾地瓜 <<

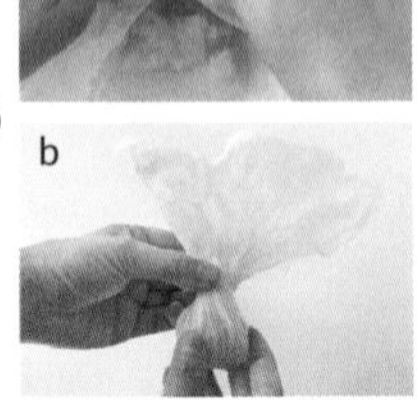

材料 (2人份)

A
- 地瓜(去皮，切1cm丁)……60g(直徑6cm，厚2cm)
- 奶油……5g
- 砂糖……1小匙

黑芝麻……少許

做法

1 烘焙紙包好A，放入平底鍋，加入500ml的水，蓋上鍋蓋以大火蒸8分鐘。

2 從平底鍋取出紙包，搓揉烘焙紙，壓碎地瓜(a)。各取一半的地瓜泥塑形成圓形(b)，撒上黑芝麻。

蘋果地瓜沙拉 >>

材料 (2人份)

地瓜(切5mm厚半月形薄片)……100g
蘋果(切5mm厚扇形薄片)……1/4顆
美乃滋……1小匙

做法

1 烘焙紙包好地瓜放入平底鍋，加入500ml的水，蓋上鍋蓋以大火蒸8分鐘。

2 從平底鍋取出紙包，打開紙包冷卻後，加入蘋果和美乃滋攪拌。

蜜煮地瓜 <<

材料 (2人份)

地瓜(切5mm厚半月形薄片)……100g

A
- 砂糖……1小匙
- 醬油……1/2小匙

黑芝麻……適量

做法

1 地瓜放在烘焙紙上加入A包好。紙包放入平底鍋，加入500ml的水，蓋上鍋蓋以大火蒸8分鐘。

2 從平底鍋取出紙包，攪拌冷卻，撒上黑芝麻。

南瓜

南瓜牛奶咖哩 <<

材料 (2人份)

南瓜（切1～2cm丁）……100g
A| 牛奶……1大匙
A| 高湯粉、咖哩粉……各1/4小匙
洋香菜（切末）……少許

做法

1 南瓜放在烘焙紙上加入A包好。紙包放入平底鍋，加入500ml的水，蓋上鍋蓋以大火蒸8分鐘。

2 從平底鍋取出紙包，將紙包內的食材攪拌至咖哩粉結塊消失，冷卻。撒上洋香菜。

南瓜沙拉 >>

材料 (2人份)

南瓜（切1cm丁）……100g
培根（切1cm寬）……1片
A| 美乃滋……1小匙
A| 芥末籽醬……1/2小匙

做法

1 烘焙紙包好南瓜、培根，放入平底鍋，加入500ml的水，蓋上鍋蓋以大火蒸8分鐘。

2 從平底鍋取出紙包，加入A攪拌，冷卻。

和風南瓜煮 <<

材料 (2人份)

南瓜（切一口大小，約1cm厚）……100g
A| 砂糖、醬油、白高湯……各1/2大匙

做法

1 南瓜放在烘焙紙上加入A包好。紙包放入平底鍋，加入500ml的水，蓋上鍋蓋以大火蒸8分鐘。

2 從平底鍋取出紙包，南瓜翻面後冷卻。

馬鈴薯

馬鈴薯沙拉 «

材料 (2人份)

馬鈴薯（切5mm厚半月形薄片）……1顆（150g）
紅蘿蔔（切扇形薄片）……2cm（20g）
小黃瓜（切圓形薄片）……2cm（15g）
火腿（切1cm丁）……2片
A | 美乃滋……2小匙
  | 鹽、胡椒……各少許

做法

1 用烘焙紙將馬鈴薯、紅蘿蔔、小黃瓜、火腿包好，放入平底鍋，加入500ml的水，蓋上鍋蓋以大火蒸8分鐘。

2 從平底鍋取出紙包，加入A攪拌，冷卻。

涼拌黑芝麻馬鈴薯 »

材料 (2人份)

馬鈴薯（切5mm厚半月形薄片）……1顆（150g）
白高湯……1小匙
A | 黑芝麻粉……1小匙
  | 砂糖……1撮

做法

1 馬鈴薯放在烘焙紙上加入白高湯包好。紙包放入平底鍋，加入500ml的水，蓋上鍋蓋以大火蒸8分鐘。

2 從平底鍋取出紙包，加入A攪拌，冷卻。

高湯馬鈴薯 «

材料 (2人份)

馬鈴薯（切5mm厚半月形薄片）……1顆（150g）
高湯粉……1/2小匙

做法

1 馬鈴薯放在烘焙紙上加入高湯粉包好。紙包放入平底鍋，加入500ml的水，蓋上鍋蓋以大火蒸8分鐘。

2 從平底鍋取出紙包，攪拌冷卻。

蓮藕

蓮藕沙拉 <<

材料（2人份）

蓮藕
（切5mm厚扇形薄片）
……100g
紅蘿蔔（以刨刀刨絲）
……2cm（20g）
羊栖菜（已泡過水）
……30g
白高湯……1小匙
A| 砂糖、醋……各1大匙

做法

1 蓮藕、紅蘿蔔、羊栖菜放在烘焙紙上，加入白高湯包好。紙包放入平底鍋，加入500ml的水，蓋上鍋蓋以大火蒸8分鐘。

2 從平底鍋取出紙包，加入A攪拌，冷卻。

海苔明太子涼拌蓮藕 >>

材料（2人份）

蓮藕（切5mm厚扇形薄片）……100g
明太子（去膜）
……20g
白高湯……1小匙
調味海苔（也可以用烤海苔）……適量

做法

1 蓮藕、明太子放在烘焙紙上，加入白高湯包好。紙包放入平底鍋，加入500ml的水，蓋上鍋蓋以大火蒸8分鐘。

2 從平底鍋取出紙包，加入撕碎的海苔拌一拌，冷卻。

涼拌梅子蓮藕 <<

材料（2人份）

蓮藕
（切5mm厚扇形薄片）
……100g
日式梅乾（去籽後以菜刀拍打）
……2顆（20g）
白高湯……1小匙
白芝麻……少許

做法

1 蓮藕放在烘焙紙上加入白高湯包好。紙包放入平底鍋，加入500ml的水，蓋上鍋蓋以大火蒸8分鐘。

2 從平底鍋取出紙包，將梅乾和紙包內的食材拌在一起，撒上白芝麻，冷卻。

牛蒡

涼拌牛蒡絲 <<

材料 (2人份)

牛蒡（即食水煮牛蒡絲）……1包（100g）
A 白芝麻粉……2大匙
醬油……1大匙
醋……1/4小匙

做法

1 烘焙紙包好牛蒡絲，放入平底鍋，加入500ml的水，蓋上鍋蓋以大火蒸8分鐘。

2 從平底鍋取出紙包，和A攪拌後冷卻。

牛蒡雞 >>

材料 (2人份)

牛蒡（即食水煮牛蒡絲）……1/2包（50g）
無骨雞腿肉（切1口大小）……100g
紅蘿蔔（以刨刀刨絲）……20g
太白粉……1/2小匙
A 醬油、白高湯……各1大匙
砂糖……1/2大匙

做法

1 雞肉放在烘焙紙上，裹上太白粉，加入牛蒡絲、紅蘿蔔、A包好。紙包放入平底鍋，加入500ml的水，蓋上鍋蓋以大火蒸8分鐘。

2 從平底鍋取出紙包，攪拌後再次將紙包包起來以餘溫燙肉，放置冷卻。

金平牛蒡蒟蒻絲 <<

材料 (2人份)

牛蒡（即食水煮牛蒡絲）……1/2包（50g）
蒟蒻絲（切3cm長）……1/2包（80g）
A 砂糖……1大匙
醬油……1又1/2大匙
七味辣椒粉……少許

做法

1 牛蒡、蒟蒻絲放在烘焙紙上，加入A包好。紙包放入平底鍋，加入500ml的水，蓋上鍋蓋以大火蒸8分鐘。

2 從平底鍋取出紙包，攪拌冷卻，撒上七味辣椒粉。

菇類

香菇鑲肉 <<

材料（2人份）

香菇（去蒂）
……4朵（40g）
雞肉泥（p.44）……80g
A| 砂糖、醬油……各1大匙

做法

1 雞肉泥分4等分，填入香菇內側。

2 A加在烘焙紙上，擺上1，肉泥部分朝下包好。紙包放入平底鍋，加入500ml的水，蓋上鍋蓋以大火蒸8分鐘。

3 從平底鍋取出紙包，香菇翻面，冷卻。

奶油醬油蒸菇 >>

材料（2人份）

鴻喜菇、舞菇、
金針菇等……
2～3種綜合菇類120g
奶油……10g
醬油……1/2大匙

做法

1 菇類去根部，剝開。

2 1放在烘焙紙上加入奶油包好。紙包放入平底鍋，加入500ml的水，蓋上鍋蓋以大火蒸8分鐘。

3 從平底鍋取出紙包，加入醬油攪拌，冷卻。

蠔油美乃滋菇菇油豆腐 <<

材料（2人份）

鴻喜菇、舞菇、金針菇等
……2～3種綜合菇類
100g
小塊油豆腐（免去油油豆腐，切1cm厚）
……3塊（100g）
蠔油、美乃滋
……各1大匙

做法

1 菇類去根部，剝開。

2 1和油豆腐放在烘焙紙上，加入蠔油包好。紙包放入平底鍋，加入500ml的水，蓋上鍋蓋以大火蒸8分鐘。

3 從平底鍋取出紙包，加入美乃滋攪拌，冷卻。

茄子

燉漬茄子 «

材料 (2人份)

茄子（長度對半切後，縱切8等分）……1根（100g）
A | 白高湯……1大匙
　| 辣椒（切小圈）……少許
柴魚片……適量

做法

1 茄子放在烘焙紙上加入A包好。紙包放入平底鍋，加入500ml的水，蓋上鍋蓋以大火蒸8分鐘。

2 從平底鍋取出紙包，攪拌冷卻，擺上柴魚片。

印度蔬菜咖哩佐鮮蝦 »

材料 (2人份)

茄子（滾刀切）……1根（100g）
蝦仁（去腸泥）……10隻
A | 高湯粉……1/2小匙
　| 咖哩粉……1/4小匙

做法

1 茄子、蝦仁放在烘焙紙上，加入A包好。紙包放入平底鍋，加入500ml的水，蓋上鍋蓋以大火蒸8分鐘。

2 從平底鍋取出紙包，攪拌冷卻。

起司茄子三明治 «

材料 (2人份)

茄子（縱切4等分）……1根（100g）
A | 鮪魚罐頭（連油一起用）……40g
　| 披薩調理用起司……20g

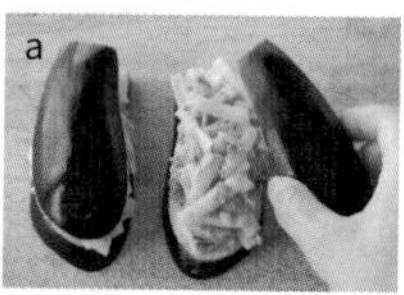

拿2片平的茄子放餡料，剩下2片疊上去輕壓。

做法

1 將A拌勻，夾在茄子裡(a)。

2 1放在烘焙紙上包好，放入平底鍋，加入500ml的水，蓋上鍋蓋以大火蒸8分鐘。

3 從平底鍋取出紙包，冷卻後切成方便入口的大小。

不開火

簡單繽紛的小菜

柚子白菜 «

材料 (2人份)

大白菜（切5cm長的絲）……2片（100g）
柚子皮（切絲）……1/2顆
鹽……1/4小匙

做法

1 所有材料放入塑膠袋，仔細搓揉至變軟(a)。

醋漬薑絲小黃瓜 »

材料 (2人份)

小黃瓜……1根
薑（切絲）……10g
鹽……1撮
砂糖、醋……各1/2大匙

做法

1 小黃瓜上下兩端各切除1cm，長度對半切再縱切，接著以瓶子或棍子敲打。

2 所有材料放入塑膠袋，仔細搓揉至變軟。

紫蘇香鬆白蘿蔔 «

材料 (2人份)

白蘿蔔（切5mm寬的絲）……5cm（100g）
紫蘇香鬆……1/2小匙

做法

1 白蘿蔔、紫蘇香鬆放入塑膠袋，仔細搓揉至變軟。

照做就好的 美味便當

便當實例
③

熱騰騰的湯頭和麵條分開放，
鮮彈美味的沾麵便當！

涼拌辣雞柳麵便當 +飯糰 >>

這是款沾麵便當，麵條沾著
保溫罐裡熱騰騰的湯頭食用。
裝湯前先將熱水注入保溫罐溫壺，
保溫效果更持久。
利用蒸雞柳和蛋的時間煮麵，
拌入麻油備用，提升效率。

和漢堡排用一樣的肉泥，
早上不用準備，立刻完成！

糖醋肉丸便當 <<

第1章介紹的基本漢堡排
一次就可以做出2份肉泥。
做漢堡排的隔天以剩下的肉泥
做糖醋肉丸就可以確實省下1道手續♪
「中式」肉丸、「西式」通心粉沙拉，
「日式」芝麻涼拌菜和蒸蛋，
一網打盡中、西、日美味。

參照1～4章的食譜，
做出色香味俱全的便當吧！

使用大受歡迎的鯖魚罐頭和即食牛蒡絲，
備料輕輕鬆鬆！

鯖魚時雨煮便當 »

我在電視上看到東大的學生說「常常吃水煮鯖魚罐頭」後，也開始用鯖魚罐頭了（笑）。
時雨煮甜甜鹹鹹的薑醬油滋味和白飯非常搭，讓人筷子停不下來。
主菜鯖魚十分健康，選擇搭配分量十足的豆皮蛋，給予充分飽足感。

優雅柚子清香
在甜鹹之間達到絕妙平衡的便當

柚香青甘魚便當 «

燉煮柚子的酸味清爽可口，
是我以幽庵燒為發想創作的料理。
溫熱甘甜的蜜煮地瓜搭配
鹹鹹的鹽昆布和維也納香腸，
調整味覺平衡。
鵪鶉蛋我喜歡用輕鬆方便的
水煮方式烹調。

2道肉品的微奢華便當
也能同時料理，馬上完成！

蔬菜肉捲&甜鹹醬雞腿便當 »

不加黑胡椒的甜鹹醬雞腿主菜
加上包了紅蘿蔔、青椒剩菜的肉捲，
以平底鍋蒸4個紙包。
這是款擁有2道肉品的豐盛便當。
神奇的是，蔬菜只是用肉片捲起來，
連原本不敢吃青菜的孩子
也會吃下去。

chapter 5

＼日常便當大變身／

簡易擺盤與持之以恆做便當的訣竅

不管在家庭還是工作上，我都做了許多便當。
本章我將利用這些相關經驗，
分享如何挑選好用的便當盒以及簡單又漂亮的裝便當方法，
希望幫助大家做出衛生又美味的便當！

嚴選！便當盒推薦

長形雙層便當盒

由於飯和菜分兩層盛裝，占空間的配菜也能輕鬆裝入。雖然圖案是花紋，但這個便當盒最常裝的食物是炸雞（笑）。

霧粉色便當盒

可愛的色澤撩動成熟大人心，讓人一個衝動就買了！珐瑯材質雖令人喜愛但有點重，可能不適合小孩或是要帶很多東西出門的日子。

橢圓黑漆塗裝便當盒

帥度No.1！看似高級的外型非常適合裝日式配菜。搭配便當盒，把菜色擺得像高級日本料理餐廳一樣也是種樂趣。

橢圓花紋便當盒

外觀花俏卻有著女生會吃得非常飽足的容量。我常在想若無其事大吃一頓的日子用這款便當盒。

方形鋁便當盒

可以將筒形飯糰收得整整齊齊，神清氣爽。用這款便當盒的日子，三個兒子都沒抱怨過配菜會散開來，是款令人信任、實戰成果優秀的便當盒。淺層方形的設計也很推薦便當初學者使用。

我在家庭和工作中，經年累月做了五千個以上的便當，最後發現
「淺層方形的便當盒最好裝」！
相反的，深層圓形的便當需要一些擺盤訣竅，適合便當進階者。
由於我蓋便當蓋前一定會包保鮮膜，因此喜歡非密封式的簡樸木便當盒。
使用喜愛的便當盒也能提升幹勁！以下請當作挑選自己愛用便當盒的參考。

圓形雙層木便當盒

可用單層也可用雙層，非常方便。儘管價格有些高，但我好喜歡它那可愛的正圓形外型。由於有些深度，需要盛裝技巧，但如果是簡單的豪邁便當，任誰都能輕鬆做出美形便當。

橢圓曲木便當盒

所謂的曲木便當盒，指的是將杉木或檜木薄板彎曲製成的木製便當盒。若有「聚氨脂（urethane）」塗層就不需要特別保養。雖然高級，卻可以跟塑膠便當盒一樣在日常中使用，請務必試試看♪

正方形原木無塗層便當盒

總之就是容量大，裝很多！在擁有眾多大食量男性（先生＆三個在唸國中、大學的兒子）的我們家裡，是不可或缺又可靠的便當盒。

長方形竹便當盒

方形淺層，十分好用的便當盒，初學者也能把便當裝得美美的。如果一開始要買一個便當盒的話，推薦這種款式。

長方形紅便當盒

這款便當盒有著勾人食欲的亮眼紅色，富有設計感的狹長外型適合帶點玩心的盛裝方式，可以試著在正中間裝飯，兩旁放配菜。

長方形竹製便當盒

宛如職人打造、無懈可擊的便當盒。把飯斜放在對角營造現代感。這款便當盒也很適合做豪華的郊遊便當！

便當這樣裝！

以下將針對Chapter 1「紙蒸懶人便當 黃金BEST10」中介紹的三款便當，
一步步仔細說明如何盛裝擺盤。
只要掌握一點訣竅，製作外型美麗的便當不再是難事。

薑汁豬肉便當（p 32）

白飯搭配3道菜，標準的盛裝方式。
利用最能隨意擺放的方形淺層便當盒。

1 裝飯，以紫蘇葉間隔

盛裝白飯，約占便當盒的一半～2/3，冷卻。左下角鋪紫蘇葉區隔白飯和主菜。紫蘇葉上的水氣要先擦拭乾淨。

2 擺入主菜薑汁豬肉

主菜放在1的紫蘇葉旁，擺放訣竅是紫蘇綠葉要露出來。薑汁豬肉若流出湯汁即以烘焙紙擦拭。

3 放入配菜魩仔魚青椒

大約占裝菜空間的1/4。先放入魩仔魚青椒這類柔軟的菜色，蓋上蓋子後地瓜會疊上去，收得整整齊齊。

4 放入檸檬煮，撒上香鬆和白芝麻

地瓜和檸檬交錯置放，只是這樣就能大大提升可愛度。精選重視色彩的香鬆撒在白飯上。補上不足的顏色後，繽紛的便當便大功告成。

牛肉時雨煮便當（p18）

即使「豪邁便當」的魅力就是製作簡單迅速，也可以用一點小訣竅提升外觀！巧妙搭配褐色、黃色、綠色、紅色，平衡色彩。

1 裝飯

盛裝白飯，約占便當盒面積2/3、深度2/3，冷卻。

2 主菜牛肉時雨煮擺在白飯上

主菜鋪在飯上時預留1cm左右的空間，不但配菜更好擺放，湯汁也會由白飯吸收，不容易流出來。

3 放入小松菜蒸蛋

與2的斷面稍微隔開擺入蒸蛋，看得見綠色小松菜的部分朝上，配色效果出眾。

4 放入醋漬蘿蔔絲，撒上白芝麻

醋漬蘿蔔絲放進分菜杯，擺入便當盒，紅色和白色都露出來就會很漂亮。牛肉隨意撒上白芝麻，大功告成！

完成！

乾咖哩便當（p24）

擺放關鍵在於預留醋漬甜椒的空間！裝咖哩時露出白飯，只是這樣便當就會瞬間有型。

1 裝飯

盛裝白飯，約占便當盒深度2/3，最後空出擺醋漬甜椒的空間，冷卻。

2 放入配菜醋漬甜椒

醋漬甜椒放入分菜杯後擺進預留的空間。黃色和紅色都露出來就會很漂亮。

3 盛入主菜乾咖哩

乾咖哩盛到白飯上，不要全部鋪滿。四邊稍微留一些白色，視覺更加平衡。

4 撒上洋香菜

洋香菜分撒在乾咖哩上填補綠色便完成了。這道便當雖簡單，卻有白、紅、黃、褐、綠色，色彩鮮豔，令人印象深刻。

完成！

做便當的小訣竅

不只是「紙蒸懶人便當」，接下來我將介紹自己平常做便當時注意的部分。
雖然美化外觀也很重要，但我認為包含衛生和採買方便性在內，
能夠不勉強自己、持之以恆才是最為關鍵的事。

常備增添色彩的食材

身邊有色彩繽紛又能馬上放進便當的食材會非常方便。像是香鬆、鮭魚碎肉罐頭、梅乾一類的醃菜，以及日本關西人熟悉的「彩色米果粒」等也都很推薦。彩色米果粒在網路上也買得到。

蔬菜淺色面朝上

青花菜花蕾和葉菜類只要一加熱，綠色部分就容易變得黃黃的。這種時候，將翠綠色的菜梗朝上擺放就能提升便當整體亮度。

以黑色點綴

做好的便當感覺少了些什麼……這種時候試著添加黑色看看。水煮蛋也一樣，只是撒了黑芝麻就會變得高貴典雅。除了黑芝麻，拌入海苔或是撒海帶芽香鬆都可以改變便當形象。

同種配菜
稍微錯開置放

盛裝漢堡排或是蒸蛋這類同種配菜有2塊以上的品項時，稍微前後錯開置放能避免擁擠感，看起來更優雅。

紫蘇葉是分隔蔬菜
最佳選擇！

我的規矩是分隔蔬菜不用美生菜或葉蘭，只用紫蘇葉。紫蘇葉不用煩惱怎麼採買、比美生菜更不容易出水，還能期許它發揮抗菌作用，是非常優秀的材料。

試著添加水果色彩

樸素單調的便當只要添加水果就能一舉解決問題！蘋果泡鹽水後切成一口大小；奇異果使用黃色和綠色兩種顏色就很可愛；鳳梨切片也很簡單。由於水果香氣強烈，請裝在不同容器裡。稍微鋪一層跟紙包一樣的烘焙紙便能增添整體質感。

馬上打開紙包，保留色澤

蘆筍和葉菜類加熱後要馬上打開紙包，藉由接觸冷空氣保留翠綠色澤。不用浸冷水也能得到不易變色的效果。

便當冷卻後鋪上保鮮膜上蓋

為了避免配菜溢出湯汁，蓋便當蓋前一定要先緊緊包上一層保鮮膜，這麼一來，不是密封式的便當盒也能放心了。包上保鮮膜同時能防止配菜滑動散開，請務必試試看！

剩餘食材不浪費，完全利用！

想聰明運用那些做完便當剩下的零星食材，保持冰箱整潔！
為此，請試試看我時時放在心上的小祕訣。

紫蘇葉簡單清洗後保存

容易爛掉的紫蘇葉直接放在買來的包裝袋中，以自來水簡單清洗。輕輕擦拭水分後立在冰箱中大約可保一週新鮮。

紅蘿蔔插竹籤放冰箱

經常需要插在竹籤上以刨刀刨絲的紅蘿蔔，直接插竹籤放入塑膠袋中冷藏保存。忙碌的早晨從冰箱拿出來後也能立刻刨絲，用到最後。

剩菜切好冷凍

青菜剩下來的話就切開冷凍，非常方便。冷凍蔬菜剝下需要的分量，可以活用在晚餐配菜或是味噌湯料上。

學起來好方便！ 蔬菜完全利用提案

煩惱殘留不多的青菜要如何運用時，推薦大家清蒸後搭配涼拌醬食用！
以下介紹五款適合所有蔬菜、調味料種類不多又好記的涼拌醬。

青菜加起來約100g，大約是雙手可以捧起的分量。

涼拌醬

韓式醬油涼拌醬

醬油、麻油、白芝麻……各1小匙

韓式酸甜涼拌醬

醋、砂糖、麻油……各1小匙

柴魚涼拌醬

醬油……1小匙
柴魚片……適量

芝麻涼拌醬

白芝麻……2小匙
醬油……1小匙
砂糖……1/2小匙

美乃滋咖哩涼拌醬

美乃滋……2小匙
咖哩粉……1/4小匙

烘焙紙包好剩下的青菜，和帶便當的3道菜一起蒸。餘熱散去後，和攪拌好的涼拌醬拌在一起。

美乃滋咖哩涼拌甜椒茄子　　涼拌芝麻白菜紅蘿蔔

涼拌柴魚鴻喜菇豆芽菜

韓式醬油涼拌高麗菜

韓式涼拌酸甜小番茄青花菜

整理收拾&保持乾淨的簡單訣竅

因為希望自己做的便當能讓人吃得安心，我一直很注重廚房和便當盒衛生。
一起利用即使忙碌也能縮短工時的訣竅來保養廚房和餐具吧。

沖水前拿用完的保鮮膜擦拭

用完的保鮮膜不要馬上丟掉，再讓它做一道工。將保鮮膜揉成一團，餐具沖水前先拿它擦拭油汙，也能將洗碗海綿的髒汙控制在最小的範圍內。

拆下膠條仔細清洗每個角落

便當盒角落容易藏汙納垢，請以沾取清潔劑的海綿仔細清洗到手指滑過會發出清脆的聲響為止。有附膠條的便當盒、筷盒、水壺，也請拆下膠條清洗。雖然一開始會覺得有點麻煩，但習慣後就不會花多少時間了。

海綿以熱水消毒

即使沒有特殊清潔劑，利用攝氏85度以上的熱水也能簡單消毒。將海綿放入裝有熱水的碗裡，以棍子等工具按壓，讓熱水浸透整塊海綿。待水溫下降至可以觸碰的程度後，搓揉洗淨海綿，最後瀝乾水分即完成消毒。

確實乾燥後再收起來

洗好的便當盒擦完後不要馬上收起來，先自然風乾。便當盒若有水氣殘留會發霉或孳生細菌，請確實乾燥後再收納。

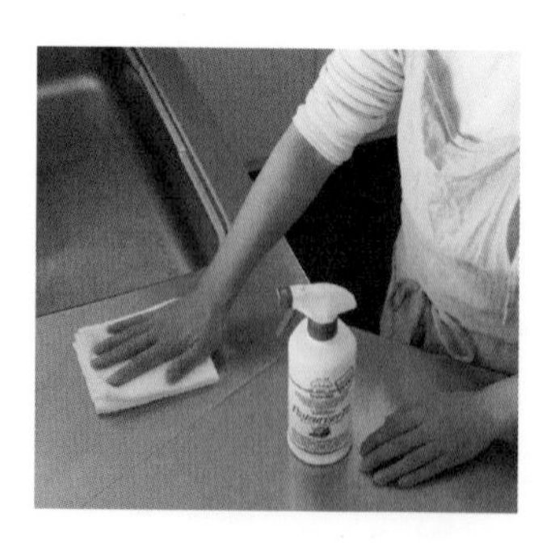

用保潔多徹底除菌

食品級抗菌噴霧「DOVER 保潔多 pasteuriser77」是我的愛用產品。廚房周邊噴保潔多後再擦拭便能保持乾淨，令人放心！

結語

借用網路社群的力量 讓自己持之以恆做便當

持續做便當下來，偶爾也會有感到挫折的日子。畢竟做便當又不是天天都得心應手，也不是每天都會收到「好吃」的稱讚。有時是家人突然說要帶便當讓人急得發慌，有時是早起做了便當結果卻得到一句「今天不用帶」，令人洩氣不已……

在這樣的日子裡，我之所以能努力做便當，都是因為有網路社群的支持。一開始，我是為了提升動力，加入了一個名叫「Oh! Bento Labo」（https://www.facebook.com/World.Oh.Bento.Labo ）的Facebook粉絲專頁。

那裡不像Instagram一樣追求「網美照」，能以輕鬆的心情將便當日常照片直接上傳。專頁的方針和正能量給了我無數次的幫助。

例如，拿剩餘的晚餐帶便當時不說「剩菜」而叫「預留」。只是換個說法，這些菜就變得像是特別保留下來的一樣，拿來帶便當時心中莫名升起的罪惡感也全都煙消雲散了吧（笑）?!

「Oh! Bento Labo」充滿了日常小故事和溫暖的成員，正因為是每天勤勤懇懇、持之以恆，而不是為了特別時刻做的便當才會在這裡得到共鳴。因為認識了這樣的「Oh! Bento Labo」，我才能持續做便當到今天。

孤軍奮戰是很辛苦的一件事。我們擁有社群網路時代才能獲得的力量，對某人做的便當產生共鳴也能成為自己很大的激勵。無論是Facebook、Instagram還是Twitter，每個人都可以試著在喜歡的網路社群裡尋找做便當的夥伴。當然，也非常歡迎加入我所在的「Oh! Bento Labo」（我不是專頁經營者也不是商業間諜啦）。

希望大家每天都能持續開心、輕鬆地做便當！

川崎利榮

食材索引

肉

豬肉、豬肉加工食品

雞肉

綜合牛肉片

絞肉

魚貝、魚貝加工食品

花枝

蝦子

水煮碎干貝罐頭

蟹肉棒

櫻花蝦

鯖魚、鯖魚罐頭

土魠魚

鮭魚

鱈魚

竹輪

竹筍（水煮即食包）

洋蔥

青江菜

豆苗

番茄

日本大蔥

茄子

韭菜

紅蘿蔔

大白菜

甜椒

冬粉

青椒

青花菜

菠菜

冷凍三色蔬菜

豆芽菜

蓮藕

菇類

金針菇

香菇

鴻喜菇

舞菇

豆類

黃豆

豆腐

油豆腐

日式油豆腐皮

豆腐

海藻

海苔

青海苔

羊栖菜

短義大利麵

奶蛋製品

蛋

乳製品

水果

檸檬

柚子

蘋果

國家圖書館出版品預行編目資料

8分鐘變出3道菜！平底鍋の料理魔法/川崎利榮著；洪于琇譯. -- 初版. -- 臺北市：皇冠文化出版有限公司, 2021.12
面；　公分. --（皇冠叢書；第4993種)(玩味；23)
譯自：朝8分ほったらかし弁当
フライパンで3品同時に作れる魔法のレシピ！

ISBN 978-957-33-3829-1(平裝)

1.食譜

427.1　　110019525

皇冠叢書第4993種

玩味 23

8分鐘變出3道菜！平底鍋の料理魔法

朝8分ほったらかし弁当
フライパンで3品同時に作れる魔法のレシピ！

作　　者—川崎利榮
譯　　者—洪于琇
發 行 人—平雲
出版發行—皇冠文化出版有限公司
臺北市敦化北路120巷50號
電話◎02-2716-8888
郵撥帳號◎15261516號
皇冠出版社(香港)有限公司
香港銅鑼灣道180號百樂商業中心
19字樓1903室
電話◎2529-1778　傳真◎2527-0904
總 編 輯—許婷婷
責任編輯—陳怡蓁
美術設計—嚴昱琳
著作完成日期—2020年2月
初版一刷日期—2021年12月

讀者服務傳真專線◎02-27150507
電腦編號◎542023
ISBN◎978-957-33-3829-1
Printed in Taiwan
本書定價◎新台幣320元/港幣107元